Urban and Regional Planning Review

URPR

城市与区域规划评论

2016/1

U0229982

消费空间　区域·城市　流动人口　文化认同　Cultural Identity　Consumption Space　城镇化　苏南小城镇　工业空间　空间发展政策　职业流动　Gentrification

学　知识　经验　实践

NJU·Urban and Regional Planning
since 1975

 南京大学城市规划与设计系

 南京大学中法城市·区域·规划科学研究中心
南京·巴黎

南京大学城市规划设

城市与区域规划评论
Urban and Regional
Planning Review

主 办
南京大学城市规划与设计系
协 办
南京大学中法城市·区域·规
划科学研究中心
南京大学城市规划设计研究院
有限公司
名誉主编
崔功豪 郑弘毅 曾尊固
林炳耀
主 编
翟国方 张京祥 王红扬
编 委
（以汉语拼音字母排序）：
曹荣林 崔功豪 林炳耀
罗小龙 王红扬 徐建刚
甄 峰 郑弘毅 曾尊固
朱喜钢 宗跃光 翟国方
张京祥
编辑部
尹海伟 罗震东 沈丽珍
钱 慧 许符娟
执行主编
钱 慧
地 址
江苏省南京市鼓楼区汉口路22
号 南京大学建筑与城市规划
学院
邮 编
210093
电 话
025 - 83596902
传 真
025 - 83596902
电子信箱
urprnju@sina.cn

目 录

日本空间发展政策演变及启示

翟国方*

ZHAI Guofang

摘　要: 日本空间发展政策演变可以分为两个阶段，第一阶段是1950—2005年，以《国土综合开发法》为指导的"全综时代"；第二阶段是2005年至今，以《国土形成规划法》为核心的"国土形成规划时代"。在这期间，日本空间规划体系不断完善，相关理念、策略不断适应国内外发展环境变化及本国发展需求，空间发展政策、机制日渐丰富完善。本文旨在介绍日本空间规划体系、相关政策与机制等的演变过程并总结经验，以期对我国空间规划编制，尤其是对新一轮《全国城镇体系规划》编制有所启示。

关键词: 空间规划；经验；启示；日本

Abstract: The development of Japanese spatial planning system can be divided into two stages. The first stage is 1950—2005, which is called as "the age of national comprehensive development planning", guided by Land Comprehensive Development Law. The second stage is from 2005 till now, which is called as "the age of Land Formation Planning", guided by Land Formation Planning Law. During this period, the Japanese spatial planning system has been continuously improved, which relevant concepts and strategies adapt to the development environment changes of domestic and international and the development of domestic demand. Spatial development policies and mechanisms are increasingly enriching and becoming perfect. This paper aims to introduce the Japanese space planning system, the relevant policies, mechanisms and other evolution process and then summarize the experience. Finally, some implications for Chinese New National Urban System Planning are provided.

Keywords: spatial planning; experience; implication; Japan

* 作者单位:南京大学建筑与城市规划学院,江苏南京,210093。

1 引　言

　　日本的空间发展政策集中体现在"全国综合开发规划",该规划是日本国土及区域开发规划体系中最上位的规划,是中央政府关于国土开发的基本政策,用于指导地方规划的编制(潘海霞,2006)。日本国土规划于20世纪50年代开始制定,经过近六十年的不断调整和完善,逐渐形成了较为完善的框架体系(孙立、马鹏,2010)。1950年,日本出台了《国土综合开发法》,根据该法编制的全国综合开发规划,简称"全综规划"。依据编制的背景及开发目标的不同,至20世纪末,日本先后经历了五次"全综规划",对日本的经济社会发展产生了较大的影响。

　　进入21世纪,随着经济全球化趋势进一步加强,日本国内外经济社会发展的现状和背景都发生了巨大的变化。跨入21世纪的日本,进入了后工业化时代的成熟型城市社会时期,并迎来了人口减少和老龄化社会。为了适应新的发展背景,2005年,日本政府对《国土综合开发法》进行了修改,将其更名为《国土形成规划法》,明确了新的国土空间规划为"国土形成规划"。2008年2月,《国土形成规划(全国规划)》编制完成。2008年7月,经内阁会议批准通过(翟国方,2009),为了适应国内外发展环境变化,2015年编制并通过《新国土形成规划(全国规划)》。本文全面回顾了日本国土规划的发展与演变历程,在全国层面以两次国土形成规划(全国规划)为重点,区域层面以首都圈整备规划为主,介绍了21世纪初日本国土规划的最新进展(见图1),以期对我国空间规划,尤其是对《全国城镇体系规划》编制工作有所启示。

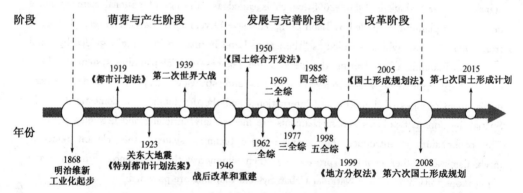

图1　日本空间规划体系演化图

资料来源:自绘。

2 日本空间发展政策及规划演变

2.1 日本空间规划体系概述

日本空间规划体系的形成和完善是一个渐进的过程。2005 年之前,日本空间规划体系的核心组成部分是国土综合开发规划(贯穿各个行政级别)、国土利用规划(贯穿各个行政级别)和土地利用基本规划(以都道府县编制为核心,涵盖各个层面的专项规划)(见表 1)。全国层面的规划除国土综合开发规划外,还有国土利用规划和土地利用基本规划,分别依据 1974 年颁布的《国土利用规划法》和 1988 年颁布的《土地利用基本法》制定。其中,国土利用规划偏重于国土的分类利用目标和规模控制,土地利用基本规划(主要包括其下的专项规划)根据国土利用规划编制。土地利用基本规划主要指的是某些专项区域的专项规划,城市规划就是其中的一个专项类型,除此之外还包括农业振兴区、森林地区、自然公园和自然环境保护区这四大类型。而针对不同地区类型的具体空间规划,又分别设立相关的专项法。

日本区域开发的规划体系分为全国、区域、都道府县、市町村四个层次,全国和区域规划指导地方规划编制;第一层次是中央政府制定的国土规划,即"全综规划",是区域开发中最权威的规划;第二层次是中央政府编制的各种地区性的区域开发规划,例如"首都圈建设规划"与"近畿圈建设规划"等;第三和第四层次是都道府县与市町村等地方政府依据全国和区域开发规划,明确本地区的发展方向和目标而制定的开发政策与综合性地方规划;此外,还有关于个别开发项目的实施规划(潘海霞,2006)。

表 1 日本空间规划体系(改革前)

层次	行政体系	法律体系	规划体系		
国家	运输省、建设省、北海道开发厅等	《国土综合开发规划法》《国土利用规划法》《土地利用基本法》	国土综合开发	国土利用规划	—
区域	中央与地方形成的合作机构	区域开发的相关法律	区域综合开发规划	国土利用规划	—
都道府县	城市规划局、建设局、住宅局、交通局、供水局和城市规划审议会等	《城市规划法》《农业振兴区域开发建设法》《森林法》《自然公园法》《自然环境保护法》等	都道府县综合开发规划	国土利用规划	土地利用基本规划(根据全国、地方国土利用规划编制);城市、农业、森林、自然公园、自然保护区域规划
市町村	市町村行政机构	《城市规划法》《建筑基准法》	市町村综合开发规划	国土利用规划	城市规划控制区、城市规划实施项目

资料来源:王金岩,《空间规划体系论:模式解析与框架重构》,北京师范大学博士学位论文,2009 年。

为了应对社会经济所发生的巨大变化,探索适应新环境的空间规划体系,2005 年 7

月,日本政府修改了《国土综合开发法》,明确了新的国土空间规划改为"国土形成规划",同时颁布了《国土利用规划法》,在全国层面上,"国土形成规划"和"国土利用规划"原则上基本同时制定、同时颁布并同时实施。与 2005 年以前的不同,国土形成规划在全国规划基础上增加了广域地方规划这个层面(见图 2),全国规划的主要内容是制定关于综合国土形成的政策方针,内容包括国土形成的基本方针、目标和全国性的国土政策,在整个国土形成规划体系中处于最顶层;广域地方规划是指包含两个以上都道府县区域的国土形成规划,主要内容是制定该区域的国土政策,实质上是制定符合所在地区实情的未来蓝图,涉及事项包括该区域国土形成的基本方针、目标,以及政策措施等。

全国规划由国土交通大臣制作提案,都道府县政令可以通过规划提案来提出更改方案,公众参与评议,全国规划编制完成后须经国土规划审议会审议,由内阁会议决定通过;地方规划设立广域地方规划协议会,以保证区域内各个集团能够在平等立场上进行协议,同时实现国家和地方的沟通与合作;市町村可以对规划提出更改方案;广域地方规划在听取专家意见和经公众评议后,由国土交通大臣最终决定通过。

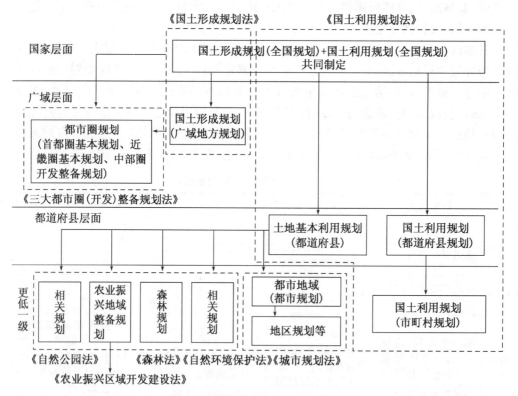

图 2 改革后的日本国土规划体系

在不断地解决社会问题和规划实践的过程中,日本从以国土综合开发规划、国土利用规划、土地利用基本规划三大规划为核心的空间规划体系发展到以国土形成规划、国土利用规划为核心的空间规划体系。从《国土综合开发法》到 20 世纪 90 年代的"五全综"以及穿插在其中的《国土利用规划法》和《土地基本法》的立法,到进入 21 世纪修订的《国土形成规划法》及制定的国土形成规划，日本空间规划随着经济发展阶段和日本国内民主化发展不断地完善，从自上而下逐渐转向自下而上的主导机制。

2.2 日本空间规划发展概述

2005 年以前，日本历次国土综合开发规划编制都是以 1950 年出台的《国土综合开发法》作为依据，《21 世纪的国土总体设计》（"五全综"）编制后，日本开始对以《国土综合开发法》为代表的国土规划法律体系进行了一系列修改，修订《国土综合开发法》并更名为《国土形成规划法》。目前，以《国土形成规划法》为依据编制的日本国土规划有：2008 年经内阁会议批准的《国土形成规划（全国规划）》，2015 年颁布的《新新国土形成规划（全国规划）》（即第七次国土规划）。以下从编制背景、编制目标、开发模式等方面重点阐述日本至今编制的七次国土规划，并重点阐述《国土综合开发法》修编后颁布的第六次和第七次国土形成规划。

2.2.1 《全国综合开发规划》（"一全综"）

（1）编制背景

1950 年出台的《国土综合开发法》是一部对国土实施综合利用、开发和保护的法律，编制该法的目的是："考虑到国土的自然条件，从经济、社会、文化政策的综合角度，进行国土的综合利用、开发、保护，以达到产业的合理配置和社会福利的提高"（翟国方，2009）。由此，在全国确立了以国土综合开发规划为核心的空间规划编制体系。第二次世界大战后日本经济进入快速增长时期，1955 年以后，日本工业化、城市化发展加速，出现了工业布局过度集中（尤其是在太平洋沿岸地区）、重点城市规模急剧扩大的现象，例如，1962 年，东京都人口已经超过了一千万，而一些地方人口却在减少（人口减少的县超过 25 个），地区差异扩大，实现区域平衡发展迫在眉睫。

（2）规划特点

采取据点开发模式，在全国实施工业分散开发政策，建设新的产业城市和工业开发区，作为新的区域发展增长极。通过开发建设新的增长极、发挥地区特色、完善交通和通信设施建设，促进区域交流，缩小地区差异，促进区域间均衡发展，维护社会稳定。交通和通信设施建设能够加强区域间的联系，防止单极化发展，合理分配资源，如资本、劳动力、技术等，均衡各区域发展潜力。在已经聚集大量产业的太平洋沿岸工业区之外，选取 15 个新产业城市和 6 个工业开发区，培养成为全国和区域发展的新的增长极，缩小区域间的发展差距。

2.2.2 《新全国综合开发规划》（"二全综"）

（1）编制背景

"一全综"颁布实施后，日本经济发展进入高速增长期，国民收入倍增。但是，"一全综"规划的美好蓝图——促进区域间均衡发展，并没有得到实现。相反，大都市人口规模不断扩大，交通环境、生活环境恶化，资源短缺、能源紧张等现象日益严重，出现了一系列由人口和开发建设"过密"带来的负面影响。而在地方,尤其是一些乡村地区,由于人口外流以至于难以维持正常的生产、生活,出现一些因劳动力资源不足、发展"过疏"产生的负面影响,导致经济萧条现象日益加剧。

(2)规划特点

通过大规模的项目开发,如产业开发、环境保护等,拉动地方经济发展,加强区域间联系,从信息化、高速化的角度对国土利用方式进行了根本性的调整,实现从"点"式开发走向以"点"连线、以"点"带面的全面开发(孟凡柳,2006),期望改善目前不均衡的国土利用现状,协调人与自然,创造富饶的环境,消除区域间过大的发展差距。由于这一时期日本各区域之间经济实力差距大,若项目只针对发展较为落后的区域展开,那么在项目推进过程中会存在困难,只有开发具有国家层面影响力的大型项目才能举全国之力进行建设,通过大规模项目的开发缩小区域之间的差距。开展的项目主要有新干线建设(交通设施建设)、筑波科学城建设(新城建设)等。

"二全综"确定的国土利用框架,划分三大块和七个经济圈,各个区域之间通过高速通信网络和交通网络联系,使得日本列岛成为一个整体,打破传统的以市町村为主的行政界线,构建广域生活圈,并将生活圈作为国土开发的基本单位。生活圈之间同样依靠现代化交通系统进行联系和沟通,以建立跨行政界线的广域生活圈。

2.2.3 《第三次全国综合开发规划》("三全综")

(1)编制背景

受全球化和市场经济的影响,20世纪70年代日本经济进入稳定时期,尤其是受石油危机的影响,日本经济转入低速增长。但是由于持续的国土开发,"二全综"时期的"过密过疏"问题不但没有得到解决,反而日益突出,并且国家出现了资源、能源短缺等现象。此时,国民意识到一味地破坏环境以追求经济增长的模式是不可取的,在全国各地开展了大量的反公害居民运动。在这样的背景下,需要对"二全综"的规划目标、策略等进行修正,以适应国家发展需求,因此,1977年经内阁会议通过,颁布了《第三次全国综合开发规划》。

(2)规划特点

延续前两次综合开发规划的目标,"三全综"提出通过进一步振兴地方经济,抑制人口和产业向大都市聚集,平衡区域发展,确立新的定居生活圈。因此,"三全综"提出"定居构想"开发模式。"定居构想"是对"二全综"中提出的"生活圈"的延续,通过建设"生活圈"来振兴地方经济,推进国土均衡发展,从而确立新的定居生活圈。在全国范围内选取44个试点区域,结合建设"田园城市构想",建设"示范定居圈",融合城市的活力和乡村的美好环境,改善人居环境。除此之外,还提出建设"技术聚集城市",振兴地方经济,控制人口、产业向大城市集中,以此来改善国民居住的综合环境(赵崔莉、姜雅,2008)。"三全综"时期开始重视环境问题,提出在有限的国土资源范围内,植根于地区特色和当地文化,不断挖掘地方潜力,提高地方活力,在地区开发中追求人与自然和谐共生。在适应经济社会的新变化的过程中,实现国土利用全面平衡,形成自然、生活、生产和谐的综合人居环境。

2.2.4 《第四次全国综合开发规划》("四全综")

（1）编制背景

20 世纪 80 年代,日本跨入先进工业国家行列,在全球化的影响下日本加快了经济国际化的步伐,不断提高国内市场的开放程度。国家经济重心不断向东京倾斜,人口和各种城市功能都向东京地区集中,呈现出东京单极化模式,地方经济、产业发展面临就业人口短缺的困境。在全球化浪潮中,由于国际合作加强,日本的产业结构也在进行相应的调整和完善,尤其是曾经作为经济支柱的重工业基地地区,此时正在走向衰退。面对国际和国内环境的重大变化,国土开发政策也要进行相应调整,《第四次全国综合开发规划》在 1987 年诞生了。

（2）规划特点

为应对国际化新情况、国内产业结构转型和调整的需求,在"四全综"时期提出了与之相适应的开发理念和模式。最终目标是为了改变东京单极化发展模式,重构世界都市职能,提高地方活力,通过交通通信和信息系统,加强区域间交流合作,实现多极分散的国土利用形式,促进城市结构体系的分散化(张松,2002)。为了实现规划目标,"四全综"提出"交流网络构想"的开发模式,完善社会基础设施建设,尤其是交通、信息、通信体系,扩大区域之间的交流范围和机会,不仅仅是各个城市之间,还包括城市和乡村地区之间的交流,并且通过在东京以外地区布置商务办公机构,诱导人口向地方回流,将首都的部分功能和产业向地方转移,打破东京单极化发展模式;在国家、地区和民间互动中,政府组织与非政府组织通力协作,开展广泛的交流合作,积极探索符合地方特色的发展模式,实现"多极分散型国土"战略。

2.2.5 《21 世纪国土总体规划》("五全综")

（1）编制背景

全球化的持续推进,国际和国内环境都发生了巨大转变。生态环境恶化,地球环境问题突出,全球范围内的竞争加剧,与亚洲各国之间的交流频繁;日本国内面临着人口减少、老龄化加剧造成的劳动力资源减少的困境;高度信息化时代的到来对国土开发和利用提出了新要求;在全球化潮流中国民意识也发生了重大变化。受亚洲金融风暴影响,日本经济出现萧条,财政情况恶化,难以再承载大规模的国土开发。经过 50 多年的国土开发,日本国土规划基本骨架已经形成——快速交通体系已经建立。同时,多年来以开发为主的国土规划成果也表明,一味地开发已经无法满足目前国家发展的需求,国土开发同样需要注重国土的利用和保护。在这样的背景下,第五次国土综合开发规划以"21 世纪国土总体设计"为名,标志着规划理念和重点的转变,意识到国土开发也应该包含国土利用与保护,这也为《国土综合开发法》的修编埋下了伏笔。

（2）规划特点

为了形成多轴型国土结构,取代当前"一极一轴"的国土结构,需深度挖掘区域特色和区域文化,保护自然环境,确保国土安全。在全球化背景下,构筑向世界开放的国土,建设充满活力的经济社会。"五全综"倡导"参与和协作"模式,不仅仅是国家和地方政府参与,还包括国民、企业、各种非政府组织,如志愿团体和民间成立的各种协会等,通过以政府为核心、多种机构和利益团体之间的协作,共同推动国土和区域的规划建设。

在小城市、村庄和中型山区地区开发接近自然的居住区,改善居住环境的同时可以吸引人口回流。针对大城市展开城市更新,尤其是城市空间的整合和有效利用。在区域之间建立交通轴等发展轴线,加强区域间交流合作,是形成多轴型国土结构的基础。构筑四条日本国土轴,即西日本国土轴、东北国土轴、日本海国土轴和太平洋新国土轴,形成广泛的国际交流圈(张松,2002),更好地融入世界,共享全球化成果。

2.2.6 《国土形成规划(全国规划)》(第六次国土规划)

（1）编制背景

过去五次国土规划都取得了显著的成效,经过半个多世纪的发展,日本已经成为经济总量位居世界第二的发达国家,但是发展中也存在一定的问题,例如,根据国际经济开发研究所(IMD)的统计评价,日本的国际竞争力已由1996年的第4位降到2005年的第21位(吴殿廷、虞孝感等,2006)。进入21世纪,日本老龄化和少子化问题日益严重,地区间竞争也日趋激烈,基础设施建设基本完善,日本在全面的国土开发模式中走向了发展成熟型社会。大规模的开发建设已经不适合日本发展,《国土综合开发法》中的目标、原则等运用到当今社会已显示出它的弊端,因此,需要综合考量当今社会背景对《国土综合开发法》进行修编,编制一部立足于当今日本国情的法律来指导日本今后的国土建设。

2005年出台的《国土形成规划法》在法律名称、编制目标和规划体系等多方面对《国土综合开发法》进行了修订,也标志着施行50多年的《国土综合开发法》将退出日本国土规划的舞台。《国土形成规划法》将《国土综合开发法》中的"开发"字样抹去,针对国土规划提出"利用、整备、保护"的核心理念。《国土形成规划法》简化了日本空间规划体系,将原来的四级体系变为现在的"全国规划"和"广域地方规划"两级体系结构。其中,全国规划主要是由国家制定的关于综合国土形成的方针政策;广域地方规划是由中央政府负责编制、国家和地方合作、多方参与共同完成的。在《国土形成规划法》中,明确了公民和地方政府在规划编制过程中的参与作用、互动作用,还要求国家和地方一起制定规划愿景(翟国方,2009)。

以《国土形成规划法》为指导,编制的第一部全新的国土规划——《国土形成规划(全国规划)》于2008年经内阁会议通过并正式施行。

（2）规划内容

《国土形成规划(全国规划)》由三部分组成,分别是"规划的基本观点""各领域政策措施的基本方向""广域地方规划的实施与推进"。其中,第一部分由4章组成,阐述规划编制的背景、构建新国土结构的必要性以及实现规划的战略性目标。人口老龄化和少子化现象严重,人口减少的社会将要到来;全球化的持续推进以及信息技术的不断革新,对区域合作与交流产生了重大影响;国民追求和谐人居环境的意识不断提高,生活方式和价值观念在新世纪都发生了很大变化。这些都对国土结构和利用方式提出了新要求,构筑安全、安心、富裕、优美的国土是本次规划的目的所在。第二部分共有8章,分别从地域建设、产业、文化及观光、交通、防灾等方面阐述了在新国土形成规划的指导下各领域发展的基本方向。在"五全综"的基础上扩充了防灾、国土资源及海域利用与保护、环境保护及景观形成、通过"新的公共机构"建设地域等4章内容。可见,《国土形成规划(全国规划)》对于"国土综合开发时期"所忽略的领域加以重视,对国土整备与保护的范围比之前更加广泛和具体。

(3)重点策略

《国土形成规划(全国规划)》提出的"广域区自立发展"模式,以广域地区为基础单位的国土结构,取代以东京为顶点的国内竞争结构,而成为广域地区相互之间既自立又相互交流和合作、共同参与国际竞争的"广域地区独立发展并相互连带"的国土结构(姜雅,2009)。

在全新的国土形成规划的指导下,国家发展策略也倾向于国土整备与保护,其中重点策略有如下几点:① 构建自立的广域综合体的新国土蓝图;② 实现"加强与东亚的交流和合作"的亚洲窗口(Asia gateway)的战略目标;③ 实现"地域的可持续发展"战略目标;④ 实现"具有强防灾能力国土的形成"战略目标;⑤ 实现"具有强防灾能力国土的形成"战略目标;⑥ 实现"重视'新型管治模式'的地域建设"战略目标(翟国方,2009)。(见图3)

图3 国土形成规划战略目标
资料来源:自绘。

2.2.7 《新国土形成规划（全国规划）》（第七次国土规划）

（1）编制背景

2020年奥林匹克运动会将在东京举办，这是带动国家和城市发展的重要契机。为了激发城市潜力，适应新的国际和国内环境，构筑具有成长力的国土，日本内阁决定对2008年编制的《国土形成规划（全国规划）》（即第六次国土规划）进行修编。在《国土形成规划（全国规划）》实施后，国际和国内环境发生了一系列变化：日本高龄化和少子化现象日益严重，将会造成国家人口的急剧减少；都市间竞争激化，随着全球化的推进，东亚地区经济活力强，一些制造业会因租金上涨而转回日本发展；在经济高速增长时期集中建设的基础设施出现普遍的老化现象，无法应对可能发生的地震等巨大灾害；地球环境问题日益严峻，食品、水、能源等将制约国家发展；ICT技术的进步以及一些科学技术的革新会对国土规划与建设产生重要影响；2014年编制了《国土强韧化基本规划》。因此，需要有全新的国土形成规划来应对上述问题，2015年8月，《新国土形成规划（全国规划）》正式开始实施。

（2）规划内容

《新国土形成规划（全国规划）》基本延续了《国土形成规划（全国规划）》的结构，规划分为三个部分："规划基本方针""各领域实施政策的基本方向""规划实施推进和效果、广域地方规划的编制和推进"。根据国内外发展形势，本次规划在《国土形成规划（全国规划）》的基础上增加了"基础设施存量使用的相关措施"和"国土规划的效果推进"两章内容，"基础设施存量使用的相关措施"主要包括"基础设施维护"和"基础设施有效活用（基础设施智慧化使用）"两节内容；"国土规划的效果推进"包括"国土计划推进和评价""地理空间信息的活用推进""国土利用规划和相互协作"。根据新的国内外环境，针对国土基本构想提出了两个观点：形成"对流促进型国土"（图4）和构建强韧的"紧凑＋网络"型发展结构（图5），加大日本同亚洲和国际上其他国家的协作、应对国内人口减少和灾害频发的现象、提升国土强韧性。本次规划的目标年份是2050年，是日本至今颁布的规划年限最长的一次国土规划，改变了以往的10年规划期限，在全国层面进行近期、中期、远期的规划展望，将规划战略眼光放得更长远。

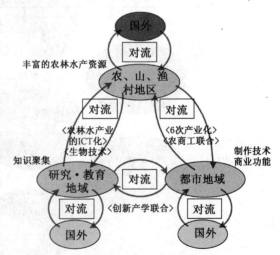

图4　对流型国土基本构想

资料来源：《国土形成规划（全国规划）》"概要"部分。

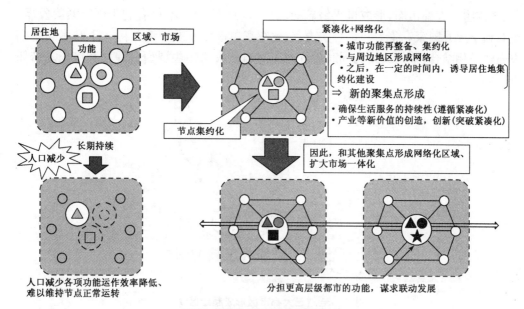

图 5　"紧凑+网络"型发展结构

资料来源:《国土形成规划(全国规划)》"概要"部分。

(3) 重点策略

规划提出挖掘地方特色,紧凑发展城市和乡村,形成紧凑小节点,以应对国家人口减少(见图 6)。在全国范围内拓展新干线网络,建设磁悬浮中央新干线连结东京、大

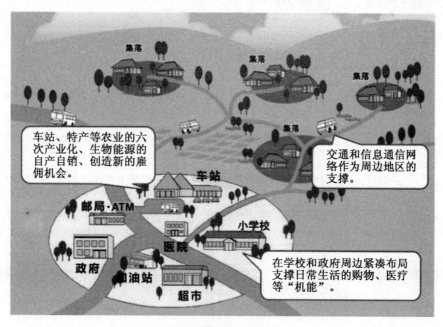

图 6　紧凑小节点开发

资料来源:《国土形成规划(全国规划)》"概要"部分。

阪、名古屋三大都市圈,形成世界级超级大区域(见图7)。不仅有利于国家紧凑发展,更有利于提升国家竞争力和综合实力,缓解东京单极化发展态势。将ICT技术与基础设施建设相结合,节约成本的同时更好地应对自然灾害。主要研究课题和措施总结如表2所示。

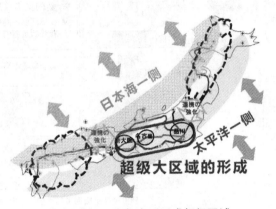

图7 连结三大都市区形成超级区域

资料来源:《国土形成规划(全国规划)》"概要"部分。

表2 日本国土总体规划中的具体实施方案

课题	措施简述
小节点的形成与推进	为了推进小节点的建设,政府要提供充足的财政保障。培养人才,促进小节点地区的就业能力。实现未来型的小节点,还要注重远程医疗、远程教育等方面的更新以及相应的配套服务设施。
形成高级地方都市的联合	各地方都市圈的城市功能更新,包括建筑和基础设施。构建一体化的可持续的公共交通网络。
实现社会的高密度移动	磁悬浮中央新干线的开通,可以在一小时内连接东京、名古屋、大阪三大都市圈。空港扩容,改善空港同市中心的连接。推进高速道路网络的更新。
形成超级大型区域和新的连接	吸引国际企业和人才,强化国际竞争力。为郊区的高校向市中心回归提供条件,围绕高校建设富有创造力的城市。
实现观光立国	2020年在东京召开奥运会,是向全世界展示日本的历史、文化等各方面的机会。要对各个景点的环境进行整治,为游人创造更好的游览环境。
构建应对人口结构变化的新的土地利用结构	人口减少和节点的紧凑开发创造出更多可灵活使用的空地,可以用作居住空间、防灾空间等。农业用地的活用是吸引人口回归自然的重要措施。
防灾能力强的国土	运用机器人和传感器等,在防灾、减灾、保养、维护等方面进行创新,构建"防灾先进社会",利用IT技术进行防灾,灵活使用大数据和社会媒体,做到综合防灾情报共享,应对灾害迅速、精准。
基础设施的智慧使用	由于社会人口减少和资源限制,对现有的基础设施进行功能整合、转换,变更用途等,有效活用。根据基础设施的特性,提高日常维护管理水平,保证基础设施在使用中的最佳状态。

(续表)

课题	措施简述
灵活使用 ICT 技术实现自由社会	ICT 技术的使用克服了时间、距离、语言的制约。位置和时间管理是国家管理的基本,在全球化和信息时代中,在推进国土可视化的同时,日本社会系统建设要达到世界一流标准。
培养在建设行业方面的人才	改善建设行业的待遇,保证工资水平、购买社会保险、普及双休制度。培养年轻的技术者,且为年轻员工能够早日承担工作提供良好的外部环境。
构建环境共生都市	建筑功能混合,采用节能技术。建设水系和绿化等生态网络空间,应对热岛效应和其他环境问题。建设公共交通系统,确保步行的空间安全性,创造良好的城市环境。

资料来源:根据《新たな「国土のグランドデザイン」(骨子)概要①》中内容整理。

2.2.8 小结

日本国土规划是空间规划体系中的顶层规划,作为区域层面和城市层面等规划编制的指导规划。国土规划是由日本国土交通省负责编制的,所提出的策略和开发模式也是针对全国而言,历次国土规划的修编都是以国内外发展环境的变化或者以国内外发生重大事件为契机,及时调整国家空间发展目标和国土开发模式。日本迄今所颁布的几次国土规划的汇总情况如表 3 所示。

表 3 日本历次国土规划概况

规划名称	全国综合开发规划("一全综")	新全国综合开发规划("二全综")	第三次全国综合开发规划("三全综")	第四次全国综合开发规划("四全综")	21 世纪国土总体规划("五全综")	国土形成规划(全国规划)	新国土形成规划(全国规划)
公布时间	1962 年 10 月 5 日	1969 年 5 月 30 日	1977 年 11 月 4 日	1987 年 6 月 30 日	1998 年 3 月 31 日	2008 年 7 月 4 日	2015 年 8 月 27 日
背景	1. 经济发展进入高速增长期; 2. 大都市问题加剧,贫富差距加大; 3. 太平洋产业带构想	1. 经济快速发展; 2. 人口、产业向大都市集中; 3. 信息化、国际化、技术革新不断推进	1. 经济增长进入平稳期; 2. 人口、产业有向地方分散的征兆; 3. 国土资源、能源的有限性凸显	1. 人口等诸多机能向东京集中; 2. 产业结构急速变化的同时地方就业问题不断恶化; 3. 真正意义上的国际化发展	1. 地球时代(地球环境问题、大竞争、与亚洲诸国之间的交流); 2. 人口减少、老龄化时代; 3. 高度信息化时代	1. 经济社会形势的大转变(人口减少、老龄化、全球化、信息通信技术的发展); 2. 国民价值观念变化和多样化; 3. 国土格局的新变化(一极一轴型国土结构等)	1. 持续老龄化和少子化、真正人口减少的社会将要到来; 2. 经济全球化持续推进,城市间竞争加剧; 3. 基础设施的老化及信息技术的革新; 4. 环境问题突出并有发生巨大灾害的隐患

（续表）

规划名称	全国综合开发规划("一全综")	新全国综合开发规划("二全综")	第三次全国综合开发规划("三全综")	第四次全国综合开发规划("四全综")	21世纪国土总体规划("五全综")	国土形成规划(全国规划)	新国土形成规划(全国规划)
目标年份	1970年	1985年	1987年	2000年	2010—2015年	2020年	2050年
基本目标	地域间均衡发展	创造丰富的环境	改善人居综合环境	构建多级分散型国土	形成多轴型国土结构的建设基础	构建多样的广域综合体式的自立发展的国土结构，形成美丽的、易于生活的国土	形成对流促进型国土
开发方式等	**据点开发方式** 谋求工业分散发展，东京一极强化的同时进行据点开发，通过交通设施联系相关区域，挖掘周边地区特性，实现地区间平衡发展	**大规模开发项目构想** 新干线、改善高速公路等网络，通过大型项目的推进，更正国土利用中存在的偏差，消除地域间发展差距	**定居构想** 一方面人口和产业向大都市集中；另一方面需要应对地方振兴、地区间人口差异，因此谋求全国土地利用均衡发展的同时需要建设综合的人居环境	**交流网络构想** 构筑多极分散型国土：①培养地域特性的同时，致力于地区整备的推进；②核心交通、信息及通信体系的整备是国家的先导性的指针，需要持续在全国推进；③多样的交流机会，与国家、地方、民间团体合作	**参与与合作** 四个战略目标：①创造多自然居住地域（小城市，农山渔村，山区地域等）；②大都市复兴（大城市空间的修复、更新、有效利用）；③开展地域合作轴（轴状相连的地区开展合作）；④广域国际交流圈（世界性的交流功能圈的形成）	**五个战略目标** ①与东亚交流、合作；②形成地区可持续发展；③形成应对灾害能力强的国土；④完善美丽国土的管理与继承；⑤实现以新公助方式为基准的区域建设	**"紧凑+网络"的开发模式** ①拓展新干线网络，形成连结东京、大阪、名古屋的超大型都市区域；②紧凑节点的开发；③都市圈整备，尤其是基础设施的整备和ICT技术的运用

资料来源：根据《「国土のグランドデザイン2050」と新しい国土形成計画の策定》中部分内容整理。

3 日本空间发展政策与规划的实施保障机制与效果

3.1 规划实施保障机制

3.1.1 法律保障

从 1945 年第二次世界大战结束后,日本就不断完善国土规划的法规体系,在对区域开发进行规划并加以实施时,依据相关的法律框架,明确规划的法律依据及编制目的,从而有效地推进开发项目的实施。其法规体系有直接规定各层次国土规划编制与审批的基本法和各专项法规,也有保障规划具体实施的部门法规。日本国土开发的相关法律可以分为基本法与专项法。

至 20 世纪末,日本的国土综合开发规划基本法为 1950 年颁布的《国土综合开发法》,1974 年和 1988 年又分别制定了有关国土规划的重要法规《国土利用规划法》与《土地利用基本法》。专项法规包括规范各地区开发行为的、促进地区振兴与产业振兴的和促进落后与萧条地区发展的法规。其中,规范各地区开发行为的法规,有《首都建设法》《近畿建设法》等;促进地区振兴的法规,有《小笠原诸岛振兴开发特别措施法》《筑波研究学园都市建设促进法》等;促进产业振兴的法规,有《促进新产业城市建设法》等;促进落后与萧条地区发展的法规,有《振兴偏僻岛屿法》等。保障国土综合开发规划落实的部门法规主要涉及农田改良、海港、空港、海岸、森林、道路、交通设施、城市公园等,相应的法规有"森林法""道路法""海岸法""城市公园法"等(施源,2003)。

2005 年,日本《国土综合开发法》修订为《国土形成规划法》,与《国土利用规划法》共同作为国土开发的法律基础。专项法规主要用于管理约束广域层面的开发,又可分为都市圈层面与都道府县层面。其中,都市圈层面制定《三大都市圈整备规划法》作为都市圈整备规划的法律依据;都道府县层面,依据《国土利用规划法》制定的"土地利用基本规划"把都道府县的土地分为都市地域、农业地域、森林地域、自然公园地域和自然保全地域等"五地域",针对不同的用地开发制定相应的法律法规,例如都市地域层面的《城市规划法》、用于管理林地开发的《森林法》、农业振兴地区的《农业振兴区域开发建设法》、环境保护相关的《自然环境保护法》等。

3.1.2 金融财政保障

在日本,中央财政和地方财政构筑了有效的国土规划财政保障体系,同时通过形式多样的税收与金融政策,以促进与保障各层次国土综合开发规划的实施。日本中央政府对国土综合开发规划的财政政策分为直接和间接两种。直接财政政策是中央各部委通过国家项目对地方进行直接投资;间接财政政策是指通过财政转移支付手段,国家对区域开发项目进行补助。其具体手段主要有两种:一种是提高中央与地方共同建设项目的中央提供经费比例;另一种是对通过减免地方税进行引资而导致地方税收减少的情况,中央通过国税转移支付手段来进行补偿(施源,2003)。

保障国土综合开发规划实施的金融政策主要有两种:一种是通过"日本政策投资银行"等政府金融机构设立专项贷款和导向性贷款,以政府信用诱导民间银行对民间企业融资;另一种是成立"北海道东北开发金融公库""冲绳振兴开发金融公库"等区域开发金融机构,保障国土综合开发规划的实施。

3.1.3 组织保障

根据《国土形成规划法》,日本全国国土形成规划是由国土交通大臣组织编制的,但需通过内阁会议审议通过后实施。在编制规划时,必须"预先根据国土交通省要求,征求国民意见和措施,同时与环境大臣及其他行政机关的长官协商,吸取都道府县及指定城市的意见"。规划方案必须"通过国土审议会的调查审议",并最终由国土交通大臣及时公布且由内阁审议通过的全国规划。但以前的全国国土综合规划的编制,国家在规划编制中起绝对主导作用,无需听取地方意见;中央政府除了对全国和跨区域的开发拥有强有力的规划和协调功能外,对特殊地方的开发还有专门的主管机构。而目前在全国国土形成规划的编制中,虽然国家仍然起主导作用,但地方意见获得了足够尊重。在广域地方规划层面,每一个广域规划成立一个"广域地方规划协议会"(见图8),该协议会由不同的组织共同构成,虽然国土交通大臣拥有广域规划的决定权,但通过"广域地方规划协议会"可以满足不同地区的特殊需求与要求。日本还在构建地方公共团体向国家规划提出建议制度和让国民反映意见的机制,从全国国土规划编制层面努力营造多元化主体参与的氛围。

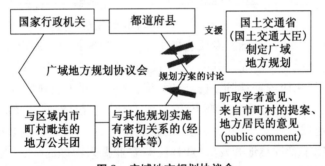

图8 广域地方规划协议会

3.2 实施效果

3.2.1 已渐形成可持续发展的国土空间

到20世纪末期,经历50多年的国土开发,日本的综合高速交通体系——国土基础骨骼已经形成,标志着日本大规模国土开发已结束。总体而言,"一全综"和"二全综"以产业发展为主,"三全综"和"四全综"以宜居生活为主,"五全综"和"六全综"以可持续发展为主。国土开发理念已经彻底改变,"五全综"提出的4项战略是创造和建设多样化自然环境的居住地区,对大城市地区的再开发,推动区域间协助轴和合作地带的形成以及形成广域国际交流圈,表明"五全综"除考虑人口和产业因素以外,认为要反映创造文化和生活方式的基本条件,如气候、风土以及生态系统、海域、水系等自然环境的一体性等,交流的历史积累和文化遗产等对国土目标的形成具有越来越重要的地位,为此要形成空间多样性的国土。"六全综"将规划的主题确定为促进持续发展的国土形成规划(蔡玉梅,2008)。

随着"六全综"的全面实施,已经形成有限的国土资源的高效集约利用;提高科技竞争力,推动经济社会发展的机制逐步完善,国际竞争力日趋提升。

3.2.2 已经形成较为完备的国土规划法律

以 2005 年为界,日本的国土综合开发规划法经历了国土开发和国土形成两个阶段。"二战"结束初期,针对战灾恢复、治山治水、增产粮食和振兴产业 4 个国土开发目标,内务省国土局提出《国土规划基本方针》(1945 年)并制定相应的《国土复兴计划纲要》(1946 年)。为适应纲要的规范化编制和实施的需求,1950 年颁布了《国土综合开发法》,该法成为第一部关于国土开发的基本法(平成 20 年国土交通六法,2007)。该法由 5 章 15 条构成,目的在于"依据国土的自然条件,从经济、社会、文化等措施的综合观点出发,在综合开发、利用和保全国土并使产业布局合理化的同时,提高社会福利水平"。因此,1952 年修订的《国土综合开发法》是第一次到第五次全国国土综合开发规划的依据。到了"五全综"时代,国土开发工作基本完成。2005 年,《国土综合开发规划》修订为《国土形成规划法》。在国土规划体系方面,从四级结构转为二级结构,提出可持续发展的目标,提出"广域地方圈"和"新公众"等概念,并以此为依据制定了《国土形成规划》。可见,日本国土综合开发法律颁布较早,具有一定的稳定性和适应性,随着国土开发工作的发展而改变,成为国土开发工作的可靠依据(姜贵善,2000)。

3.2.3 已形成广域地方圈的国土结构

国土空间结构的安排是国土规划的重要内容。经历了"一全综"的"据点开发"、"二全综"的"大规模项目开发"以及"三全综"的"定居圈"建设,过密、过疏问题或者"一极一轴"的格局依然未得到有效改变。为适应经济国际化、人口老龄化和社会信息化等的要求,"四全综"提出要形成"多极分散型国土结构"。首先,通过疏散工业、政府和公共设施等途径纠正东京一极集中的现象。其次,有重点地加强地方圈建设,发挥农村、山村和渔村的多样化作用,多极分散这些功能。"五全综"进一步提出形成"多轴型"国土结构,具体包括西日本国土轴、东北国土轴、日本海国土轴和太平洋新国土轴。与"四全综"相比,在纠正东京一极集中的国土发展失衡现象方面目标一致。前者通过"极"的发展,后者通过 4 个国土轴的形成,达到分散东京功能和国土均衡的目的。为适应经济国际化、国民价值观念多样化以及人口减少型社会的真正到来,"六全综",或称"国土形成规划",提出形成"自立的多样性广域地方圈"的国土结构(潘海霞,2006),把国土空间视野从市町村向广域生活圈域、从都道府县向广域共同体、从日本国土向东亚扩大国土规划框架。通过多样性广域共同体来构建自立发展的国土，同时造就美丽的、易于居住的国土环境，从而使日本国土结构完成了从点、线或轴到面或圈的发展历程。

依照地区人口、经济规模和环境承载能力等，日本将整个国家分为10个广域经济圈，分别是北海道圈、东北圈、关东圈、中部圈、北陆圈、近畿圈、中国圈、四国圈、九州圈和冲绳圈，形成"广域地区独立发展并相互连带"的国土结构。在开发和规划理念上，日本特别强调，"独立"的概念不仅仅指经济上的相对独立，还有文化特色、发展战略的独立，每一个广域地区都是独一无二的，不可被其他广域地区甚至是国外地区所替代。所谓"连带"也就是协作，既有各个广域地区之间的协作，也有广域地区内部各个城市的协作，同时还有广域地区同国际的交流与协作（穆占一，2012）。

3.2.4　形成了多样化主体参与的国土开发模式

国土开发模式是国土规划实施的重要方面。从国家、地方政府和公民的关系角度分析日本国土综合开发规划的开发模式，"二战"结束后初期的"一全综"和"二全综"期间是国家主导投资的模式；"三全综"和"四全综"期间是地方政府为主体的开发模式。

近年来实施的"五全综"和"六全综"主要体现为多样化主体开发模式，即地方政府和不同的公民主体都参与其中。"五全综"提出参与协作的"参与和协作"开发模式，提倡地方自主开发、民主开发，鼓励居民共同参与。"参与和协作"范围不仅包括地方政府和企业，还扩大到志愿者团体和普通居民。"六全综"更提出新公众的概念，认为规划实现过程中，承担者不仅包括行政单位，还包括地缘型社区、非盈利组织（NPO）、企业等多样性的主体。这些主体表现出了在原有的公共领域，含有公共价值的私人领域以及公、私中间领域里合作的愿望，应该将他们明确地定位为"新公众"。进一步强化"参与和协作"的模式，从而实现了开发主体逐渐从国家向地方、从单一主体向多主体、由政府决策为主向公众参与的转变。目前，已形成以"新型公共主体"为支柱的地区建设。利用后城市化时代日本国民及企业有志于回报社会并通过这些回报社会的行为来实现人生价值的观念，日本政府积极向地方分权，让国民成为国家国土资源管理的主体力量。目前，在地方空间管理上已形成由国家主导的地方公团、NPO组织、企业及个人等多元化主体的新型公共主体。

3.2.5　已形成具有超强抗灾能力的安全而有弹性的国土

日本的空间政策充分运用"防止""回避""减轻"等方面的对策，尽量减少自然灾害给国土带来的损失，已经构建了一个具有超强抗灾能力、能灵活应对灾害的国土。日本已经形成了一个较为完善的防灾系统，防灾规划在其规划编制体系中具有十分重要的地位，它不是城市规划中的一个章节，而是有着与城市规划同等地位和法律效力的综合性规划。日本的综合防灾工作主要通过"地域防灾规划"得以实现，注重防灾工作的系统性、综合性，不仅仅强调防灾物质基础设施（防灾硬实力：建筑和街区）的安排，更强调整个地域综合防灾系统的建设、地域防灾能力（防灾软实力：人和体系）的提升等（阮梦乔、翟国方，2011）。

4 对我国的启示

从日本的"一全综"到目前的"国土形成规划",经历了日本经济社会的战后复兴、经济起飞、高速发展、经济低迷、成熟型社会的各个阶段,前后横跨约半个世纪。我国有着与日本不同的国情和不同的发展阶段,在规划目标、模式、手段和措施等具体的操作上不能照搬日本的做法。但是,日本在规划作用的认识、规划框架、规划程序、规划方法以及规划管理政策等很多方面值得我们借鉴(翟国方,2009)。

4.1 认识空间规划的重要性

发挥空间规划在区域均衡发展中的协调作用。日本经过七次"国土综合开发规划",总的来说,在区域均衡发展方面起到了重要作用。我国现有的巨大的地域差异的形成,与没有发挥国土规划在区域均衡发展方面的协调作用有很大关系。我国已经实施的《全国主体功能区规划》,其指导思想是引导形成主体功能定位清晰,人口、经济、资源环境相互协调,公共服务和人民生活水平差距不断缩小的区域协调发展格局(翟国方,2009)。可以相信,随着《全国主体功能区规划》的实施和空间规划体系的完善,空间规划必将对我国区域差异的缓解起到积极的作用。

4.2 我国空间规划体系的优化完善

日本的空间规划体系与时俱进,不断调整完善,使得区域性规划与全国性规划在政策制定上保持了较好的一致性,并为重大项目的实施提供了资金保障和制度保障。对于我国而言,建构完整的空间规划体系,核心是在将 1949 年至今我国形成的多部门主导的社会经济发展规划、国土规划、区域规划、城乡规划、环境保护规划等体系进行整合,使得空间规划体系建立在价值取向和对空间发展认知的统一框架下,而不是落在部门利益的博弈基础上。不同空间层次的空间规划的编制要求不同。

4.3 规划实施动态监控

日本的首都圈是以政府为主导积极推动都市圈规划建设并取得成功的典型,充分体现了"规划先行""与时俱进"的规划建设理念。日本首都圈先后制定了五次规划,大约每 10 年修订一次,每次均根据国际背景变化、国内战略要求和东京历史使命的变迁,做出适应性调整和完善,具有较好的连续性和衔接性。在规划理念方面,实现了从硬性控制到柔化管理的转变。我国应积极地引进这种与时俱进的规划管理机制,及时、适时地实施规划、调整规划。

4.4 重视规划衔接与可操作性

日本的七次国土规划的修编,均是因应国内外社会经济形势的变化而开展的,有的规划(如"二全综")目标期尚未结束就提前进行了规划修编,目的就是为了维护规划的权威性、可操作性，以及能够充分发挥规划在区域发展中的均衡协调作用。我国经济已进入快速发展阶段，可能会有这样或那样的不可预测的因素。一旦发现规划已不能适应经济社会形势，应当机立断，启动法定程序对规划进行修编，满足我国经济社会发展的需要，维护规划的权威性（翟国方，2009）。

4.5　空间规划的法律体系保障

构建空间规划法律规范框架的核心就是建构《空间规划法》作为基本法，以及其他与之配套的行政法规组成的国家空间规划行政法规体系；并逐步完善与之相配套的地方行政法规、部门章程和技术标准以及技术规范。除了《空间规划法》作为空间规划的基本法外，基于空间规划的行政体系与编制体系的整合，在空间规划基本法律法规框架内，与《空间规划法》配套的空间规划的法律法规，可以分为空间规划咨询与督察法规、空间规划编制与审批法规、空间规划实施法规、空间规划实施监督检查法规、空间规划行业法规等。

4.6　全民规划与公众参与

不论是国土规划还是城市规划的编制，公众参与已成为世界潮流。日本在国土规划制度改革时也专门强调了公众和社会团体参与规划的重要性与必要性。而且在这次"国土形成规划"中，还把公众与社会团体参与地域建设和规划实施作为战略目标实施的重要措施。随着我国民主社会建设步伐的进一步加快，各个领域都已认识到实施公众参与的意义与重要性，今后在推进国土规划工作的过程中，也应注意避免行政主导、政府包办的模式，应发挥社会各界的力量共同参与、共同实施，使政府机构以外的多样化的民间主体成为地区建设的担当者（孙立、马鹏，2010）。

5　结　语

日本空间规划及相关政策和机制对于我国国家和区域层面的规划工作有很多启发，但由于国情、经济基础和发展阶段的不同，发展条件和发展模式也是不一样的，因此，应该结合我国的具体情况有所选择地学习借鉴。

我国目前的发展阶段面临的很多区域问题与日本 20 世纪 60—70 年代相似，但我国面对的是更为复杂和严峻的挑战。我国的工业化伴随着全球化和信息化同步进行，地区的发展因为国际力量的介入而可能出现更大的差异，发达地区重复建设、同位恶性竞争，欠发达地区缺乏发展动力、不断被边缘化等状况会不断出现。这就需要我们更为清醒地看待区域发展问题，努力健全国家和区域层面综合性规划的工作机制，完善相关的法律体系、行政体系和实施机制，真正实现统筹城乡发展和区域协调发展。

参考文献

[1] 潘海霞. 日本国土规划的发展及借鉴意义[J]. 国外城市规划, 2006(03):10-14.

[2] 蔡玉梅, 顾林生, 李景玉, 潘书坤. 日本六次国土综合开发规划的演变及启示[J]. 中国土地科学, 2008(06):76-80.

[3] 孙立, 马鹏. 21世纪初日本国土规划的新进展及其启示[J]. 规划师, 2010(02):90-95.

[4] 翟国方. 日本国土规划的演变及启示[J]. 国际城市规划, 2009(04):85-90.

[5] 张松. 21世纪日本国土规划的动向及启示[J]. 城市规划, 2002(12):62-66.

[6] 翟国方. 日本国土规划的实践及对我国的启示[A]//中国城市规划学会. 生态文明视角下的城乡规划——2008中国城市规划年会论文集[C]. 中国城市规划学会, 2008:8.

[7] 施源. 日本国土规划实践及对我国的借鉴意义[J]. 城市规划汇刊, 2003(01):72-75+96.

[8] 王金岩. 空间规划体系论——模式解析与框架重构[M]. 南京:东南大学出版社, 2011.

[9] 赵崔莉, 姜雅. 二战后日本国土规划演变刍议[J]. 国土资源情报, 2008(12):20-24.

[10] 孟凡柳. 论战后日本的国土综合开发[D]. 长春:东北师范大学, 2006.

[11] 吴殿廷, 虞孝感, 查良松, 姚治君, 杨容. 日本的国土规划与城乡建设[J]. 地理学报, 2006(07):771-780.

[12] 姜雅. 日本的最新国土规划——国土形成规划[J]. 国土资源情报, 2010(03):14-19.

[13] 阮梦乔, 翟国方. 日本地域防灾规划的实践及对我国的启示[J]. 国际城市规划, 2011(4):16-21.

[14] 姜贵善. 日本的国土利用及土地征用法律精选[M]. 北京:地质出版社, 2000.

[15] 穆占一. 均衡发展之路——日本国土规划的历程及特点[J]. 中国党政干部论坛, 2012(3):56-57.

[16] 日本国土交通省. 国土形成計画(全国計画)[R]. 2008.

[17] 日本国土交通省. 国土形成計画(全国計画)【概要】～戦後7番目の国土計画となる「対流促進型国土」形成の計画～[R]. 2015.

[18] 日本国土交通省. 新国土形成計画(全国計画)[R]. 2015.

[19] 日本国土交通省. 新たな「国土のグランドデザイン」(骨子)概要①[R]. 2014.

[20] (日)石﨑隆弘. 「国土のグランドデザイン2050」と新しい国土形成計画の策定[R]. 2015.

[21] 国土編. 国土交通省大臣官房総務課監修. 国土交通六法[M]. 新日本法規, 2008.

苏南小城镇工业空间重构的"有机集中"策略与路径
——以常州市礼嘉镇为例

郭紫雨　朱喜钢*
GUO Ziyu　ZHU Xigang

摘　要:苏南模式工业化与城镇化的转型过程中,以"三集中"策略引导分散化空间向集中化进行重构,以实现工业集聚发展、人口集中居住、农业规模化经营。当前,空间重构尚未完成,而"三集中"策略的推进效应却逐渐消失。本文以常州市礼嘉镇为例,研究苏南小城镇工业空间,发现存在工业用地总量过大而集约化水平较低、乡村工业空间无序蔓延、工业园区建设止步不前等问题。进一步以"集中化"所面临的困境进行溯因,我们认为,乡镇企业的根植性决定了分散化的延续,而调控能力的有限性加剧了集中化的困难。据此,文章结合礼嘉镇总体规划编制研究的实践经验,提出苏南小城镇工业空间重构的"有机集中"策略,并从重识镇域存量空间、搭建多样化产业集中平台、构建多维度支撑与保障体系等层面探索"有机集中"的实现路径。

关键词:苏南;小城镇;工业空间;有机集中

Abstract: Nowadays in those areas oriented by Southern Jiangsu Model, the space reconstruction from decentralization to centralization has not been completed yet, while the propulsion effect of the "three concentrations" is gradually decreasing. This paper takes Lijia town of Changzhou City as an example, focusing on the problems of industrial space and attributing them to the predicament of centralization. Specifically, the main reasons for the problems are as follows: the path dependence of decentralization made by the embeddedness of rural enterprises; limited government control which aggravates the difficulty of centralization. Accordingly, this paper presents Organic-concentration as a new strategy of industrial space reconstruction, given from three aspects: evaluation and utilization of the stock industrial land, the introduction of industry centralized platforms, and the equipment of related supporting system.

Keywords: southern Jiangsu Province; smalltown; industrial space; organic-concentration

---

* 作者单位:南京大学建筑与城市规划学院,江苏南京,210093。

1 引 言

20 世纪 70 年代末至 80 年代,伴随着改革开放的步伐,苏南地区结合地方发展实际,因地因时制宜提出了小城镇发展的"苏南模式",为中国在城镇化和工业化的初中期阶段树立了乡村工业化、农村城镇化的样板。进入 90 年代,在宏观经济环境变化和经济多元化转型等外因与自身制度性缺陷的内因共同作用下,植根于"短缺经济"背景下的"苏南模式"逐步陷入困境。为主动寻求转型,苏南地方政府做了两方面的工作:一是由政府主导的集体经济发展模式逐步转向市场化的多元经济发展模式;二是针对"村村点火,处处冒烟"、分散、混杂的城乡建设用地,实施空间上的"三集中"策略,引导小城镇集聚集约发展。"三集中"即"工业向园区集中、农户向城镇或新型社区集中居住、农业用地向适度规模经营集中"。在"三集中"实施的前期阶段,成效明显,工业集聚化、人口城镇化和农业现代化为苏南模式转型提供了有力支撑,推动了苏南小城镇的快速发展。但随着近年来城镇化、工业化的深度推进,单纯讲究空间上的"三集中"战略,其推进效应逐步减小,然而小城镇的空间重构实际上并未完成,空间问题仍然是阻碍小城镇健康发展的重要因素。

乡村工业化是苏南小城镇发展的传统优势,工业发展方式的转型与升级也是当前苏南小城镇的艰巨任务。如何把握工业空间转型重构的机会,从而推动苏南小城镇的全面提升发展? 这应当成为在工业化中后期阶段思考苏南小城镇发展的关键问题。为此,本文以常州市礼嘉镇为例,分析小城镇工业空间的现状问题,探讨其发展所面临的困境,寻求工业空间优化重构的新的策略与路径。

2 研究样本简介

本文的研究案例为常州市武进区礼嘉镇。礼嘉镇位于常州市武进区东南翼,邻近武进城区,是传统制造业大镇,民营经济比较发达。2015 年,礼嘉镇人均 GDP 达到了32 968 元,工业增加值达到了 50.145 亿元,占地区生产总值的 60%,工业在产业结构中占据主导地位,正处于钱纳里发展阶段模型中的工业化后期阶段。在"三集中"的过程中,礼嘉镇于 1998 年启动了工业园建设,园区已建成面积约 380 公顷,近 200 家企业入驻,园区建设对经济增长和城镇化都起到了一定的推动作用(见图 1、图 2)。近年,礼嘉工业企业数量和工业用地仍在快速增加,但"质"的提升明显滞后于"量"的增长,工业化的效率仍旧偏低,城镇建设水平却未见突破,乡村衰落现象越演越烈。礼嘉镇所面临的是苏南小城镇的共性问题,案例选取具有典型性。

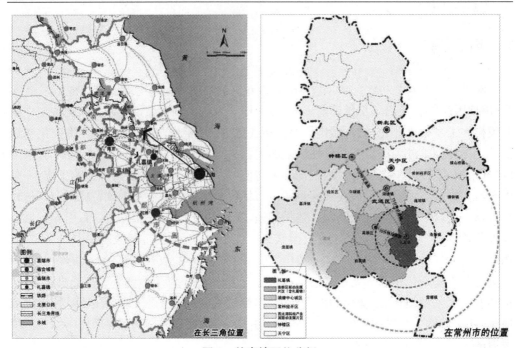

图1 礼嘉镇区位分析

资料来源:《常州市武进区礼嘉镇总体规划(2015—2030)》。

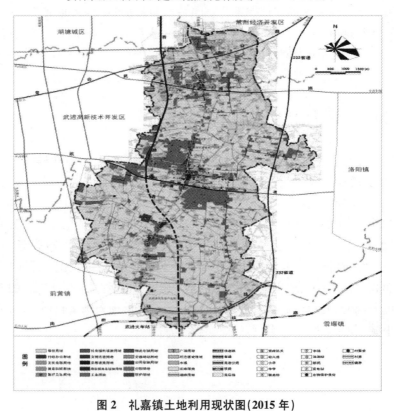

图2 礼嘉镇土地利用现状图(2015年)

资料来源:《常州市武进区礼嘉镇总体规划(2015—2030)》。

3 礼嘉镇工业空间存在的问题与原因

3.1 礼嘉镇工业空间面临的三大问题

3.1.1 工业用地总量过大,集约化水平较低

礼嘉镇镇域土地总面积 58.23 平方公里,其中,建设用地总量为 1 551.29 公顷,超过了 2010 年版土地利用规划的 1 496.26 公顷允许建设用地指标,使该镇的进一步发展面临着无地可用的局面。工业用地总量过大造成了礼嘉镇建设用地总量超标和比例失调。工业用地在城乡建设用地中的占比高达 44%,已超过城镇规划建设用地的指标控制上线。与此同时,礼嘉工业用地的集约化水平较低。镇内小微企业占据了 75% 左右的工业用地,但投入和产出能力较为有限,加之土地占而不用、不充分利用现象严重,造成工业空间的整体利用效率和产出效益难以提高。2014 年的数据显示,礼嘉镇工业经济增加值处于武进区 13 个区镇的中位,但地均工业增加值低于武进区的平均水平,与高新区、城关镇、重点镇之间存在较大差距(见表 1)。在增量土地指标无以为继的压力下,提高工业用地的集约化水平迫在眉睫。

表 1　各区镇地均工业增加值对比

区镇	地均工业增加值(亿元/平方公里)
礼嘉镇	7.7
武进城关镇	8.6
武进高新区	11.4
洛阳镇(重点镇)	20.3

3.1.2 乡村工业空间无序蔓延,破坏乡村整体品质

尽管私有化改制后的乡镇企业已经打破了选址的限制,但早期苏南模式的"村村点火,户户冒烟"的分散化工业空间格局仍在很大程度上得到了延续(见图 3)。一方面,早期的工业空间大多被沿用;另一方面,新增的工业空间的无序蔓延依然明显,2006—2015 年的工业用地的扩张情况可以充分印证这一点(见图 4)。小微企业绝大多数起步于乡村地区,集体土地成为其发展的重要资源。目前,礼嘉镇集体用地的宗数和面积在工业用地中所占比例分别超过了 85% 和 60%,且由于管控不足而出现了大量的未批先用、非法占用的工业用地,严重浪费了乡村土地资源。乡村工业空间存在"点、线、面"三种形式,但自发集聚的小块"面"状空间、沿路建设的"线"状空间、零散分布以及隐于住宅内的"点"状空间均与居住空间存在着一定程度的粘连,对乡村聚落的环境和风貌形成负面效应。近来,礼嘉乡村旅游开发深受这种负面效应的影响。

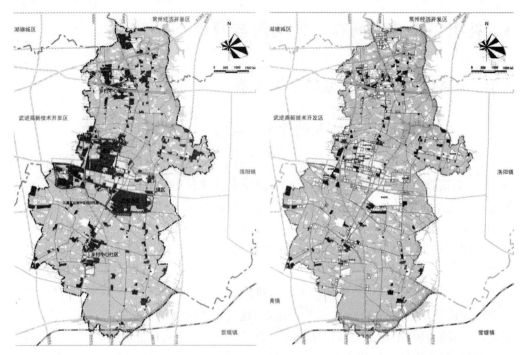

<table>
<tr><td>图3　礼嘉镇现状工业空间分布</td><td>图4　礼嘉镇近十年间新增工业用地</td></tr>
</table>

资料来源：《常州市武进区礼嘉镇总体规划（2015—2030）》。

3.1.3　工业园区建设止步不前，与镇区融合度较低

　　分散化乡村工业空间存在集聚效益不佳及污染集中治理难等问题，而"工业向园区集中"被认为是解决问题的关键。20世纪90年代末，礼嘉镇在镇区周边规划工业集中区，并投入基础设施及相应的配套设施，以土地和税收优惠政策吸引企业入驻。但园区规模和园区经济在2007年前后增速明显放慢，"工业向园区集中"的热潮基本退去。早期所规划的工业集中区建设仅完成了六成左右，近年镇工业园区的新增工业用地宗数较少，工业企业的入园率也出现下降。由于产业园的土地利用率较低、配套设施和管理服务滞后等问题，产业园与镇区的融合度并不高，镇区仍然存在不少分散化的工业用地。乡村地区也有各类村级工业小区，但因缺乏配套设施而有名无实，呈现面状的分散化分布格局，并未形成真正的园区经济。

3.2　礼嘉镇工业空间面临问题的两个主要原因

3.2.1　乡镇企业的根植性决定了分散化的延续

　　苏南模式起步阶段，通过企业与乡村社区的结合找到了一条充分利用乡村资源的捷径，完成了工业化的原始积累。这种结合一方面是出于对乡村土地资源的利用，另一方面则是对劳动力资源的就地转化。企业改制后，这种结合已经被打散，但大部分企业

发展依然没有脱离乡村社区。通常来说,随着规模的扩大,企业对于经营管理和配套设施的需求明显上升,将自发向产业园区集聚,而调查发现,礼嘉镇大量的中小企业正在回避"集中"的需求,表现出强烈的乡村根植性。

产生这种根植性的原因主要分为三个层面。首先,集体用地直接转为工业用地的费用较低且手续相对简化,乡村土地红利仍然明显;乡村闲置住宅为外来职工提供廉价居所,在本地人口外流的情况下,企业仍然可以获得劳动力红利;企业与村集体之间的内部交易依然存在,进一步为企业发展节约了成本,这些因素对小规模企业的选址有决定性的意义。其次,发展稳定性不高的企业布局于乡村则方便适时调整租用厂房,降低了投资风险,对于起步阶段的企业而言格外重要。最后,村集体本身对于工业经济的追求并未被市场化和政府调控所磨灭,苏南模式传统的社会文化基因加固了根植性。

村集体没有意愿也没有能力对村内工业用地进行集中布局,因而乡镇企业的根植性决定了分散化的延续。分散化的延续是乡村工业发展活力的体现,但这也造成了苏南模式工业空间粗放发展的负面效应的持续,使得"工业向园区集中"策略失效,"三集中"未能建立起新的城乡空间秩序。建设用地的透支、耕地保护的需要以及发展转型的压力使得小城镇必须遏止分散化发展,寻求一种更为高效化、品质化与集中化的工业空间重构模式。

3.2.2 调控能力的有限性加剧了集中化的困难

由于我国行政管理体制的特殊性,小城镇的财权与事权的不对等,小城镇工业园区对外招商引资的吸引力十分有限,主要依靠本地企业的进入来实现园区发展。在推动"工业向园区集中"的过程中,乡村地区作为主要"流出端",镇工业园则是"流入端"。乡镇企业的根植性造成自发集中动力的不足,因此,自上而下的调控对于实现集中化十分重要。

集中化的初期,政府对于"流入端"的投入与"流出端"的需求耦合,一批规模较大、效益较好的乡镇企业在较短时间内纷纷入园(见图5)。但镇政府在园区的配套设施和管理服务等方面的持续投入十分有限,各项优惠政策也无法持续发挥吸引力。企业入园高峰较快结束,园区无法进一步实现集中化,相反却因建设水平较低、区域竞争力不足而面临园内优势企业外流的危机。同时,镇政府缺乏对集体用地转化为工业用地的有效管控,"先上车,后买票"的情况仍比比皆是,镇政府为获取税收,对企业违建行为也有所放任,"流出端"反而呈现出多进少出的现象。另外,上级政府以乡镇撤并寻求资源的集中化整合,但此举未能实现城乡空间与功能的同步整合,礼嘉镇所合并的两个集镇仍在不同程度地吸引周边工业企业集中,造成了"分流"现象。

如图6所示,原有的总体规划"重镇区,轻镇域",强调工业空间集中化的"流入端"扩展,对"流出端"收缩缺乏引导,造成乡村工业用地处于"三不管"状态,未能实现对工业空间重构的统筹管控。一方面,为建设工业园而通过总体规划大幅扩张镇区的工业用地,采取高度集中的工业空间布局方案,将城乡建设用地指标过度向城镇倾斜;另一方面,总体规划对镇区以外的工业空间的处理过于简单化,仅保留已转为国有属性的较大规模工业用地,规划成为乡村工业小区,并不涉及大量集体属性的存量工业用地。而镇村体系规划研究和调控的主要指标是乡村聚落的人口规模和居住功能,"镇区—中心村—自然村"三级聚落体系对于乡村工业用地的调控效力十分有限。

图5 对乡村工业"视而不见"的上版总规   图6 "超规"蔓延的工业用地

资料来源:《常州市武进区礼嘉镇总体规划(2015—2030)》。

4 有机集中:苏南小城镇工业空间重构的新策略

4.1 理论上的思辨

尽管分散化空间模式存在不经济和不可持续等缺陷,工业空间的集中发展刻不容缓,但高度集中的空间模式显然难以实现。"工业向园区集中"策略对空间集聚化发展的统筹和引导存在明显的不足,为实现工业空间的优化重构,必须在其基础上探讨更为现实的、可操作的新策略。

王兴平教授在研究苏南地区的区域产业空间问题时,借用了"有机集中"理念,提出既强调对于社区的关联带动和发展的根植性,又强调相对集中的"簇群"与"结网"的区域产业空间模式。有机集中是在汲取有机疏散以及集中主义等的空间理论与实践基础上,立足于空间的集中本征而提出的,强调有机秩序下的集聚(见图7)。这一理念将集中理解为多要素有机联系的空间表达,既不强调空间结构与形态的高度集中,也不主张

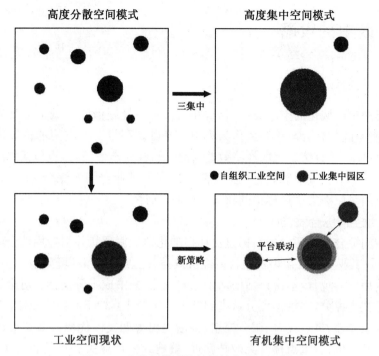

图7　工业空间模式特征及转化关系示意图

不适当的分散。有机集中理念对于小城镇单元内的工业空间重构同样具有很高的借鉴价值。

　　笔者所在的规划团队在参与礼嘉镇新版镇域总体规划的课题过程中,通过对礼嘉镇全域城乡空间的深入调研以及与政府部门、企业家、村民的多次座谈,对礼嘉镇城乡空间的发展现状与问题有了较为清晰的把握,制定了有机集中的空间策略和方案。有机集中不仅仅针对工业空间,而是对乡村工业、居住聚落、农业等多要素的整体优化组合。以工业空间重构为出发点,这一策略可以表述为三个要点。

4.1.1 "双向适应"

　　在兼顾企业的根植性与效益性的基础上,适度保留工业与乡村之间的关联性,激发多元主体参与,形成集中的"合力"。因此,有机集中主张空间的相对集中,而非统一"流向"。

4.1.2 "内在关联"

　　不再追求形态上的集中,而是强调产业系统的生态修复与完善,通过集中化的空间平台带动产业联动发展,形成"专而联"的小城镇产业生态圈,以此推动空间的有机集中。

4.1.3 "循序渐进"

　　有机集中的过程充分考虑了产权的保护以及发展权的转移等,建立新的"流入端"与"流出端"之间的时空次序,以保证存量空间的充分利用与集中的相对效益。

4.2 实践中的策略

4.2.1 重识全域存量工业空间

有机集中是全域化的空间发展引导,礼嘉镇总体规划借鉴了城市更新的存量规划方法,以存量空间的整合与再利用作为集中的基础。存量工业空间的价值体现在多方面,既包括用地企业直接产生的经济效益、社会效益、生态效益等,也包括空间本身的价值及空间更新的潜在价值等。有机集中需要以存量工业空间的综合价值为主要依据,确定不同空间对象在集中过程中的意义、方向和次序。

(1)存量空间综合效益评价

存量空间综合效益评价的目标是更加精准化地把握现状并引导用地企业集约化调整(见表 2)。工业空间效益评价通常以经济效益、社会效益和环境效益为主,综合考虑礼嘉镇工业用地的现状,本次评估增加了空间现状、集中成本等指标。对全域存量工业空间进行了初步评分,并根据评分从高到低大致按照 1∶3∶5∶1 的比例将存量空间单元划分为优质高效、重点提升、调节控制、整治退出等四类。优质高效类可以作为空间集中"流入地"的依托;重点提升类鼓励就近、就地或依产业关联进行整合集中;调节控制类作为用地收缩和企业集约化的调控重点;整治退出类则着重考虑企业退出和空间的再利用。以空间效益评价为主要参照,建立起有机集中的长效调控机制,有序推动工业空间的渐进式集中。

表 2 空间综合效益评价指标①

目标层	准则层	指标层
空间综合效益	经济效益	亩均实缴税收
		亩均开票销售
	社会效益	提供就业岗位
	生态效益	有无环境污染记录
	空间利用	建设强度及质量
		用地面积
		有无违建行为
	集中成本	企业集中发展意愿

---

① 由于小微企业的统计数据较少,本次研究通过企业摸底调研对数据进行了补充,但能够利用的指标依然比较有限,指标体系的全面性和科学性有待于进一步提升。

（2）存量空间集聚潜力评估

近年来，乡村中心社区在原小型乡镇工业园的基础上已经形成了具有一定规模的空间集中，乡村地区还出现了大型企业带动的块状空间。综合产业关联度及产业集群的可能性，规划对这些自组织的块状空间的集聚潜力进行评估，识别出其中的潜力空间，加以引导和利用，而不再主张"一刀切"的"向园区集中"。（见图8、图9）

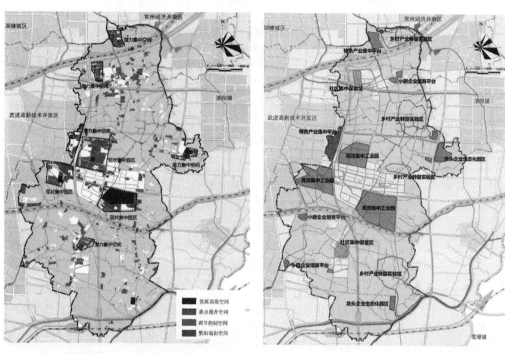

图8　存量效益评价与集聚潜力识别　　　　图9　有机集中的产业空间布局引导

4.2.2　搭建多样化产业集中平台

由于不再坚持一味地向镇工业园区集中，必然会出现层级化、多元化的产业空间平台。由既有的根植性乡村工业空间整合提升而形成的乡村产业平台，不完全切断企业与乡村的联系，降低了企业集中的成本，"流入地"吸引力大大提升。本次规划结合不同产业和企业集中化发展的可能性与诉求，充分利用各类可能的潜力空间，形成了六类产业集聚平台：高效集中工业园、中心社区工业园、龙头企业生态化园、特色产业集中平台、小微企业培育平台、乡村产业转型实验平台。针对不同类型的空间平台，制定相应的准入标准和优惠政策，鼓励企业通过用地置换实现有机集中和空间效益提升，并逐步加强平台之间的高效互动，最终形成"专而联"的产业体系（见表3）。

由于小微企业的数量较多，而建立大量的小规模培育平台并不现实，以乡村优质资源再开发为主要依据划定的乡村产业转型实验平台作为小微企业重点控制的范围，控制范围内的小微企业应在短期内实现集中或退出。对控制范围外的小微企业则以控制污染和拆违为主，不强制其集中。

表3　各类有机集中平台建设的目标

有机集中平台	建设目标
高效集中工业园	通过政府与企业的合作,加强园区的软硬件环境建设,促进高效化集群,提升园区的效益。以规模经济与集聚效应为导向,强化园区产业专业化与特色化发展,促进生产性服务业发展,带动产业平台间的联动;适度增加商业与公共服务设施,提高园区环境品质,促进产城融合发展。
中心社区工业园	适度保留已有一定规模的乡村中心社区工业集中空间,在鼓励优势企业向高效园区集中的同时,吸引零散分布的工业企业进入,作为中小企业的集聚发展的综合性平台。控制此类园区的规模和边界,同时以职住平衡为原则,推进乡村聚落有机集中。
龙头企业生态化园	保留高效、大规模的乡村工业空间,用于龙头企业的生态化发展,并带动周边关联企业的成长。通过技术创新提高投入产出比,促进生产绿色化,形成企业与乡村的高水平共生发展的绿色工业社区。
特色产业集中平台	利用环境品质较高的存量空间,建立游艇、雨具等特色制造业的集中平台,通过与休闲旅游、"双创"等方向的结合,形成精致、高效的复合式"2.5"产业空间。
小微企业培育平台	利用区位条件和建设水平较好且近期内对乡村产业转型发展影响较小的存量工业空间,在原用地企业转移后,对存量空间进行适度改造并引导周边小微企业、家庭工厂进入。"一厂多用",并通过平台服务和政策引导促其发展与转型。
乡村产业转型实验平台	配合乡村整体转型,利用存量空间、引入新业态,建设多样化的乡村产业转型实验平台。依托便捷的对外交通,利用乡村空置住房或厂房改建"双创"工坊,提供优质配套设施与服务,形成"田园双创聚落";依托现代农业园,配合农业"全产业链",利用存量空间发展"1+2+3"产业,建设"田园综合体"。

4.2.3　构建多维度支撑与保障体系

(1)"产业生态圈"的动力支撑

礼嘉镇主导产业的集聚效应已初步形成,但由于企业之间的合作机制尚未建立,产业的综合效益不高,需要提高产业链的强度、长度以及复合度,构建更具活力与韧性的"产业生态圈",作为有机集中的目标支撑。礼嘉镇本地龙头企业的发展十分突出,主要集中在农业机械、制冷器材和轻工制造,发挥龙头企业的带动作用是构建产业生态圈的主要依据。为此,应建立具有关联性的小微企业集中平台与龙头企业之间的上下游合作机制,并鼓励企业以集中平台为依托,通过产业整合、企业整合,优化企业组织结构,以适应专业化协作的要求,促进产业集群的升级。

另一方面,通过产业间的有机结合增强产业链的复合度。礼嘉镇的游艇制造和雨具制造是其特色产业,为发挥其优势,规划主张将游艇制造和雨具制造的企业与休闲旅游结合,推进游艇特色小镇以及创意雨具村落等特色"1+2+3"田园产业综合体建设。推动农业设备制造业与现代农业园建设的充分结合,打造示范性的智慧农园,带动农业

"全产业链"化发展。此外,"产业生态圈"的各个维度都应与生产性服务业紧密结合,提升有机集中产业集群的效率和活力。

（2）"城乡增长联盟"的结构支撑

有机集中以存量更新作为空间发展与重构的主要手段,既要通过整合提升存量空间搭建新的集中平台,又要处理工业企业迁出或退出后存量空间的再利用与开发。因此,要借助企业本身的力量提升园区建设水平,借助村集体和村民的力量使乡村逐渐摆脱对于工业的过度依赖,从而实现发展转型。多元主体的协作参与是降低集中成本、提升集中效益的重要途径,而政府必须实现治理转型,通过乡村"增长联盟"解决多方的利益分配问题,形成推动集中的合力。

"城乡增长联盟"是有机集中的各类参与主体间的合作机制,包括"镇政府＋龙头企业",推进产业的升级以及产业园区和城镇的开发建设,形成高效集中核心;"镇政府＋集中平台",摒弃"以地招商",通过合理政策激励企业用地集约化,打造兼具经济效益和环境品质的集聚空间;"镇政府＋村集体＋转型企业",推动低效工业用地的收缩与返还,促进土地和资金流向乡村新型产业,实现乡村经济发展转型;"镇政府＋公益性服务平台",建立城乡土地流转市场,保障工业用地流转、置换和存量空间再开发过程的有序性;等等。以推进有机集中为契机,不断完善苏南乡村"增长联盟",将提高政府智慧化治理能力,推动苏南模式的新发展与转型。

（3）政策保障与规划转型

"三集中"建立在"以镇为中心的产权体系集中"之上,使得其在保障村集体利益上存在一定的缺陷。要实现"双向适应"、保障多元主体利益的"有机集中",必然要求突破城乡产权壁垒。"城乡增长联盟"的建立与运转也需要以清晰的产权关系作为基本保障,因此,推进规范化农村产权流转交易市场建设势在必行。小城镇工业用地流转面临的问题较为复杂,需要兼顾对违法用地行为的处理、对产权和使用权主体利益的保护以及"有机集中"方案的空间落实。因而,政府在探索流转政策制度改革、健全流转市场机制、完善流转利益分配制度的同时,还应引导村集体通过土地入股等方式参与产业集中平台和"田园综合体"的建设,并引导本地民间资本适度从乡镇工业向乡村休闲旅游、现代农业产业等流动。

小城镇总体规划转型应与城乡统一的土地流转市场的建立相协调,积极探讨统筹全域空间资源利用的新模式。首先,应改变规划在建设用地指标配置中的城乡"二元"失衡,不再简单地以镇区规模衡量城镇化和经济发展的水平,将小城镇的空间集中与功能提升适度"解绑",按照"有机集中"原则进行镇域用地布局。其次,城乡聚落体系规划应更加强调村与村之间协作进行乡村优质资源整合和新型乡村产业载体建设,强调横向联合与协作式经营,而非纵向分级和撤并式收缩。最后,由于苏南工业小城镇普遍存在工业用地占比过高、土地利用结构失衡等问题,规划编制和审批中不能对此矫枉过正,而应结合小城镇发展转型的过程,分阶段调整结构,实现渐进式平衡。

5 结 语

通过空间重构推动发展转型是苏南小城镇发展的普遍性的迫切诉求,而"三集中"策略因农村土地产权等保护意识的增强而逐步失效,亟须以发展权转移及其利益交换等新的思维与理念重启新一轮的空间重构。本文提出了"有机集中"方案并在礼嘉镇总体规划中加以落实,实际上是空间重构就地改造与时序层面渐进集中相结合、具有一定平衡机制的规制策略。有机集中的实质是在适度保留苏南模式内生活力的传统优势基础上追求一种新的集聚效应和全局效益,激励各类主体参与工业化与城镇化的转型。这并非"三集中"的折中方案,而是力图打造兼具产业活力与田园基底的、城乡一体的新苏南小城镇。礼嘉的案例提供了有机集中的一种实现路径,但常州地区工业经济仍以本地企业为主力,与外资大力介入、园区经济凸显的苏州等地存在明显的差异,礼嘉有机集中路径的适用性有待探讨。但总体而言,有机集中的空间策略与路径契合了当前苏南模式转型的要求,可以通过进一步的探讨和研究以运用于更为广泛的苏南小城镇空间规划领域。

新生代农民工职业流动特征及应对研究[*]
——基于南京和沭阳的调查样本

于　涛　黄春晓[**]

YU Tao　HUANG Chunxiao

摘　要：在城镇化进程中农民工内部结构已发生了明显的代际变化，新生代农民工正逐渐成为外出农民工的主体。与传统农民工相比，他们与城市关系更加密切，具有较强的城镇化意愿，是未来实现新型城镇化的主要人口，但是受现行城乡二元结构的限制，被统计为城镇人口的这部分新生代农民工未能在教育、就业和社会保障等多方面享有与城镇居民同等的基本公共服务，加大了这一群体的职业流动频率，进而影响了新型城镇化进程的稳步推进。因此，本文从职业流动背景的动态研究视角，采用2012年以来南京和沭阳的调查样本，对新生代农民工生活、工作以及再教育等情况进行综合分析，深入剖析这一特殊群体的职业流动特征与规律，针对其在城镇化进程中产生的诸多问题提出建议，从而为我国推动农业转移人口落户各类城市和城镇的城镇化战略提供借鉴。

关键词：新生代农民工；职业流动；特征；调查；南京

Abstract：In the process of urbanization, the internal structure of migrant workers have occurred obvious intergenerational changes . The new generation of migrant workers is becoming the main part of outgoing migrant workers. According to the sample of Nanjing and Shuyang from 2012, this paper deeply analyzes occupational mobility characteristics of the special groups from the dynamic research perspectives which bases on the occupational mobility background, we found that the occupational mobility of new generation of migrant workers belongs to economic mobility which follows the resources and opportunities. They will return home when they finished economic accumulations. Therefore to solve the frequently occupational mobility problem of new generation of migrant workers, firstly we should promote social resources flow to small towns and improve the environment of the new generation of migrant workers in different occupational mobility period at the same time, gradually guide the new generation of migrant

　*　课题获得国家社会科学基金项目"中国城市增长模式转型研究"（09CJL046）、国家自然科学基金项目"制度变迁视角下的扩权强镇及其地域空间效应研究——以长三角地区为例"（41101142）、中央高校基本科研业务费专项资金（1118090207）资助。

　**　作者单位：南京大学建筑与城市规划学院，江苏南京，210093。

workers to shunt reasonably.

Keywords: new generation of migrant workers; occupational mobility; feature; survey; Nanjing

1 引 言

近年来,我国城镇化进程快速推进,大量农村劳动力涌入城市,但是受城乡分割的户籍制度影响,被统计为城镇人口的 2.34 亿农民工及其随迁家属,未能在教育、就业、医疗、养老、保障性住房等方面享受城镇居民的基本公共服务。[1]而伴随着农民工群体不断壮大的步伐,农民工内部结构亦发生了明显的代际变化,新生代农民工在城镇化进程中正扮演着越来越重要的角色。根据《2013 年全国农民工监测调查报告》显示,2013年全国 1980 年以后出生的新生代农民工有 12 528 万人,占农民工总数的 46.6%,这意味着新生代农民工正逐渐成为外出农民工的主体。与传统农民工相比,他们的文化素质、思维方式正在发生转变,表明这一群体与城镇居民的差距正在缩小,是游离于城市边缘且具有较强城镇化意愿的群体。而极高的职业流动性是这一群体显著的行为特征之一,流动中群体的生存方式、生存条件的改变,意味着其与城市关系的不断变化,因此,在新型城镇化背景下,新生代农民工如何由一个"变量"转变成为"定量"将成为其建设的重要突破口。

目前,有关新生代农民工的问题已引起学术界的广泛讨论:一是对于新生代农民工的就业稳定性及其影响因素问题。陈昭玖等(2011)通过对新生代农民工就业稳定性的影响因素进行实证分析,发现新生代农民工的就业稳定性受年龄、择业机会识别、工资、企业用工环境等因素影响较大,与传统农民工相比,其就业稳定性较差[2];解永庆等(2014)则分析了农民工的非农就业行为、空间选择及留城意愿的代际差异,发现新生代农民工更渴望一份相对轻松且较为稳定的工作,更加偏好选择进入大城市[3];曹建云(2014)分别从微观、中观、宏观层面分析了职业价值观、社会资本和政策资本对新生代农民工就业流动的影响[4]。二是聚焦于新生代农民工的城市融入问题。黄建新(2012)认为,新生代农民工与第一代农民工相比存在较大差异,因此应根据新生代农民工的行为特征,有针对性地推进社会管理体制和教育培训制度的改革创新[5]。王春光(2010)分析并强调,应该全面破除城乡二元结构,建构出一个基于公平机会之上的城乡一体化的社会管理制度,才能化解新生代农民工的城市融入问题[6]。汪国华(2012)认为,新生代农民工主观上愿意融入城市社会保障体系,客观上却与农村社会保障体系捆绑,而目前还没有出现新生代农民工想要的、将他们纳入城市社会保障权的政策,使得新生代农民工与城市和农村社会融和出现裂痕[7]。总体来看,相关研究集中于对新生代农民工就业选择倾向以及如何融入城市的静态研究,而对该群体自身的职业流动特征研究较少。因此,本文基于职业流动背景的动态研究视角,深入剖析这一特殊群体的职业流动特征,并针对其在新型城镇化过程中产生的诸多问题提出应对策略,从而为我国"以人为本"的新型城镇化发展提供新的思路。

2 调查概况

本文采用的数据源于 2012 年以来对以南京市和沭阳县为代表群体迁入地和迁出地的新生代农民工职业流动特征及影响的调查。沭阳地处江苏北部,位于长江三角洲经济区辐射地带,农业人口 129 万,是传统的农业大县和农民工输出大县。南京市地处长江中下游平原东部,是长三角的副中心城市,是长江下游地区重要的产业城市和经济中心,对沭阳等苏北地区具有较大的辐射带动作用,是农民工(特别是新生代农民工)的主要输入城市。由于新生代农民工在南京的分布具有大杂居、小聚居的特征,因此,避免在工厂内进行大规模抽样,主要选择在白下、栖霞、玄武和雨花台四个区的农民工聚集场所内进行抽样,以确保样本的多样性和全面性。另外,在沭阳县选择陇集、李恒、湖东、吴集等 8 个乡镇走访外出务工人员亲属,调查其回迁意愿,共发放问卷 450 份,其中南京市发放问卷 200 份,获得有效问卷 172 份;沭阳县发放 250 份,获取有效问卷 236 份;两地共计有效问卷 408 份,有效率 90.67%。

在南京市进行的调查样本中,男性和女性分别占 67% 和 33%,平均年龄为 26 岁,其中已婚和未婚的新生代农民工分别占 36.30% 和 63.70%。在受教育水平的调查中,有 63% 的受访者仅为初高中学历;由于自身能力的限制,有 37% 的受访者从事的是无技术要求的工作,42% 从事的是需要一定技术基础的行业;在其所从事的行业中,以电子机械和建筑行业的较多,分别占 23.20% 和 19.40%。

根据 SPSS 相关性分析,职业流动次数与年龄存在显著的正相关关系(见表 1)。接受本次调查的新生代农民工绝大部分都存在相当频繁的职业流动:其中 67% 有过 2 次以上职业流动经历,更有 46% 的人群发生过 3 次以上职业流动。在职业流动 3 次以上的人群中,30 岁以上的人群占 17%,26—30 岁的占 43%,21—25 岁的占到了 37%,20岁以下的由于打工经历时间短,占到了 3%,可以预测,随着工作时间的增长,这部分年轻人将逐渐成为新生代农民工的主体,该群体职业的不稳定性将愈发强烈。

表 1 职业流动次数与年龄 SPSS 相关表

		年龄	更换工作次数
年龄	Pearson Correlation	1	0.304 **
	Sig. (2-tailed)		0
	N	149	146
更换工作次数	Pearson Correlation	0.304 **	1
	Sig. (2-tailed)	0	
	N	146	148

注:**, Correlation is significant at the 0.01 level (2-tailed).

3 新生代农民工职业流动特征

3.1 快速的职业流动冲击了稳定的社会生活

在城市的稳定就业是新生代农民工提高工资收入水平、顺利实现市民化和缓解民工荒、维护社会稳定的重要条件，但是，现时期新生代农民工就业行为的短工化却成了其就业行为的一个重要特征[8]。新生代农民工频繁地更换工作，使其个体及家庭生活稳定性受到影响，同时还带来了严重的短工化现象，不利于企业长期稳定的发展。

以户籍制度为核心的公共服务及社会保障体系城乡二元分割形成了城乡人口等级分明的二元社会结构[9]。就新生代农民工个体而言，他们虽然工作、生活在城市，却被阻隔在城市福利之外。在本次调查中，受访新生代农民工参保率只有41%，且表现为流动次数越多的人群参保率越低。产生这种现象的原因一方面是因为大规模的短工行为和频繁的跨域流动使得企业无法为其提供稳定的社会保障，另一方面则是因为新生代农民工对于未来潜在风险的预估不足而导致其自主购买保险的意识非常薄弱。

职业流动使新生代农民工家庭日渐分散，家庭生活的稳定性受到影响（见表2）。在调查中，只有27%的受访者与配偶生活在一起，育有子女的新生代农民工家庭中，只有18%的受访者与子女在一起生活。这种长期分居异地的状态使家庭成员间的空间、心理距离日趋增大，分离引发的家庭问题逐渐暴露，家庭稳定性受到挑战。

表2 "生活稳定性下降"数据一览表

流动频率	不同流动频率受访者参保情况		配偶所在地				携带配偶意愿		受访者子女所在地		
	有	无	和您在一起	在老家	其他城市	其他	是	否	在一起	老家	其他城市
0次	61.50%	34.60%	27%	17%	31%	25%	60%	40%	18%	64%	18%
1次											
2次	22.92%	67.71%									
3次及以上	16.7%	77.30%									

同时，频繁的职业流动带来的严重的短工化现象也对企业的生存和发展造成了不利影响。调查发现，受访者的平均职业流动频率约为1.5年/次，上一份工作持续时间未达1年的受访者占到55%。在25岁以下的被调查者中，此现象则更加显著，人数占到了60.81%（见表3）。

表3 "职业流动频度加速"数据一览表

流动次数	不同频率人群百分比	年龄结构				上一份工作持续时间							
		20岁以下	21～25岁	26～30岁	30岁以上	25岁以下				25岁以上			
						3个月以下	3～6个月	6～12个月	一年以上	3个月以下	3～6个月	6～12个月	一年以上
0次	3%												
1次	30%	3%	42%	46%	7%								
2次	21%					20.27%	9.46%	31.08%	39.19%	6.02%	13.25%	26.51%	54.22%
3次及以上	46%	3%	37%	43%	17%								

3.2 多元的职业流动并未带来垂直的社会上升

3.2.1 在职业流动初期的择业标准具有明确的个人价值取向

在职业流动初期,新生代农民工更倾向于实现自我价值和寻求发展机会。在进城务工原因的调查中,表示"到大城市是为了开阔眼界、充实自我"的受访者占到53%,"进城务工是出于金钱目的"的只占28%。在首要择业观的调查中,受访者也表现出对个人喜好的明显倾向,对工作环境、社保等软性条件提出了较高的要求,表现出对个体价值的重视,表明金钱并未对这个阶段的新生代农民工产生很大吸引力。

3.2.2 在职业流动后期个体价值观向金钱观的屈服

在新生代农民工流动的后期阶段,收入在择业中的重要性大幅提升,而个人喜好、社保等非物质条件所占的比例较之前明显降低。择业标准越来越趋向单一化,"金钱"逐步取代"自我"成为择业的主要驱动因素,同时,新生代农民工的低耐受力在职业流动后期逐渐凸显,导致了盲目的职业流动,使新生代农民工陷入职业困境。在更换工作原因的调查中,"工作太累而不想干"的占到了38%,有八成的受访者均在未找到下家的情况下辞职,而在新生代农民工职业流动前期、后期对比中,发现职业流动并未改善新生代农民工的生活现状(见表4)。

表4 新生代农民工职业流动前后状况对比

收入变化(元)	上一份工作收入(元)	当前工作收入(元)	净增长收入(元)
	2 177.778	2 320.388	142.61
工作时间变化	变短	没有变化	变长
	24.49%	38.78%	36.73%

3.2.3 社会地位没有得到显著提升

随着职业流动的加速,新生代农民工技术性职业的比例进一步下降,体力劳动的比例则显著上升。受访者中有 42% 由于能力所限,只能从事技术含量较低的职业,从事管理类的几乎没有,企业内部出现了职工层级分化[10]。结合流动频率与年龄的相关关系可推测,当前新生代农民工中也开始出现明显的代际差异,其中较年长者多经历了 3 次以上的职业流动,大多不具备扎实的职业技能,限制了其向上发展,而年轻一代的职业技术素养正不断提高,从事的职业也更加专业化。

职业流动的目的虽然是为了改善生存现状,但事实上新生代农民工的就业仍困于次级劳动力市场,收入低、工作不稳定、缺乏晋升机制。调查显示,通过自身努力实现升职的受访者极少。而职业流动前后,受访者的职位也未发生明显变化,64.15% 的受访者的职业流动方向为水平流动,停留在低技术含量行业中,发生职业层次跃迁的受访者仅占 17.61%。

新生代农民工社会地位的提升缺乏内生动力。主观上,新生代农民工对自身素质提升的重要性的认识起到决定性作用,虽然 11.11% 的受访者接受过 3 次及以上的培训,但仍然有近半数的受访者没有接受过职业技术培训,这说明大部分新生代农民工自主学习欲望和克服困难动力不足。而在接受过职业技术培训的受访者中,有 47.79% 的人接受了企业内训,有 30.09% 受访者通过自费的方式参加培训,只有 5.31% 的人接受的是政府公益培训。可见,当前培训的主体是企业,政府发挥的公益作用极为微弱,较低的收入使得新生代农民工自费培训难度较大,客观上限制了新生代农民工的自我提升(见表 5)。

表 5 "社会地位没有显著提升"一览表

受访者职业构成	无技术要求	42%
	需技术要求	37%
	其他	21%
受访者学历情况	初中	23%
	高中	26%
	中专	14%
	大专	21%
	本科	16%
参加培训次数百分比	0 次	42.48%
	1 次	30.07%
	2 次	16.34%
	3 次以上	11.11%
上一份工作的职位	普通职工	61.3%
	班组长	11.3%
	部门管理人员	12%
	其他	15.5%
目前的职位	普通职工	55.7%
	班组长	6.7%
	部门管理人员	11.4%
	其他	26.2%

3.3　曲折的职业流动之路重新指向原点

新生代农民工具有强烈的闯荡精神,表现为跨地域迁移非常频繁且跨省域流动的频率与学历呈显著负相关(见表6)。调查数据显示,在5次以上跨省流动人群中,学历为初中、高中、中专、大专及本科所占百分比分别为38.46％、42.31％、15.38％、3.85％和0,学历低的人群找到满意工作的机会更少,职业稳定性更弱。而具有大专、本科学历的人群由于素质相对较高,寻找稳定的工作更加容易,因此跨域流动的次数相对较少,更倾向于留在本省的大城市。

表6　跨省流动次数与学历 SPSS 相关表

因子		学历	跨省流动次数
学历	Person Correlation	1	0.499**
	Sig. (2-tailed)		0.000
	N	153	153
跨省流动次数	Person Correlation	0.499**	1
	Sig. (2-tailed)	0.000	
	N	153	157

注:**, Correlation is significant at the 0.01 level (2-tailed).

人口迁移流动并不总是从乡村向城市单向迁移并在城市定居的过程,许多流动人口需要长期流动或向流出地回流,并有着相应的社会政策需求[11]。调查发现,在职业流动后期,新生代农民工纷纷表现出背离中心城市的趋势,务工超过10年的在宁受访者有超过半数期望回乡定居,相应地,沭阳县外出人员在10年之内回迁的意愿也出现激增现象。有四成以上的受访者回乡定居并不意味着回到农村,而是回到家乡所在的中小城市或小城镇。这些经过多次职业流动、具备一定劳动经验和技能的人群,为中小城市和乡镇提供了宝贵的发展机会,同时也向这些城镇的住房保障、社会福利、基础设施建设、教育资源分配等提出了一系列要求。因此,需要建立一个"可进可退"的政策制度空间,既能促进新生代农民工融入城市、完成市民化,又能给予他们自由返乡的选择空间[12]。

综上所述,随着我国城镇化进程的快速推进,大量被解放的劳动力涌入城市,为城市建设做出了巨大贡献,然而受制度因素的限制而未能享有与城镇居民同等的权利,造成频繁的职业流动,也为社会稳定、经济发展和城市建设带来了许多问题:就新生代农民工个体来看,他们往往被隔离于社会福利之外,大规模的短工化行为和频繁的跨域流动也使企业难以提供稳定的社会保障;另外,新生代农民工家庭成员长期分居异地,家庭分散,生活不稳定性提高;就新生代农民工群体来看,流动前期与后期择业价值取向发生明显的转变,表现为个体价值观向"金钱观"屈服,造成了职业流动的盲目性。同时,新生代农民工的社会地位并没有得到显著提升,其就业受困于次级劳动力市场,缺乏社会地位提升的内生动力。在职业流动后期,面临大城市生活的困境,大部分新生代农民工往往会选择回到城镇化门槛较低、离家乡较近的中小城市或小城镇定居。在整个过程中,新生代农民工频繁的职业流动,不仅给大城市对外来务工人员的包容性带来了挑战,也对中小城市和小城镇的发展提出了要求,同时也形成了对城乡二元结构制度的有力冲击。

4　新生代农民工职业流动应对策略

调查显示,大多数的新生代农民工的职业流动属于追随资源与机会的经济性流动,他们完成了经济积累后就会返回家乡,而由于社会资源分配及各地发展的不均衡,中小城市,特别是小城镇及广大农村地域却很难具备足够的就业吸纳能力,造成了新生代农民工职业流动的困境。而解决这一困境的关键在于如何推动社会资源要素向中小城镇的流动,同时改善新生代农民工在不同流动时期的生存环境,逐步引导新生代农民工实现合理分流。本文基于职业流动背景的动态研究视角,对其流动过程的不同阶段提出以下建议。

4.1　流动初期:构建新型就业培训平台,避免盲目流动

在职业流动初期,大多数新生代农民工缺乏对信息的识别及对自身的清晰定位,因此在职业选择上存在一定的盲目性,表现为频繁地更换工作、盲目地参加培训,增加了新生代农民工的经济负担,加剧了短工化行为的产生,增加了企业的时间成本,使企业文化难以形成,严重限制了相关企业的未来发展,同时对社会的稳定造成了负面影响。因此,亟需建立一个由政府主导、多方参与的新型人力资源平台,将招聘信息与资源相整合,降低企业和应聘者因重复培训造成的时间成本和金钱成本的浪费,为企业和新生代农民工提供招聘与培训相结合的新型平台,使新生代农民工掌握必要的工作技能和相应的从业素质,帮助他们树立正确的择业价值观,并督促双方签订长期有效的劳动合同,为新生代农民工提供良好的工作环境,促进其更加稳定与长期就业。

4.2　流动中期:安居才能乐业,改善城市体验

新生代农民工收入一般较低,且对于未来潜在风险的预估不足,因此,他们自主购买社会保险的意识非常薄弱。而随着职业流动次数的增多,社会保险的参保率进一步降低,不利于劳动力的市场的稳定,因此,需加强社会保障的立法,完善社会保障体系。例如,将新生代农民工缴纳的社会保险的年限与其在城镇中享受的社会福利挂钩,在一定程度上维护社会公平,改善新生代农民工城市过渡时期的城市体验。

新生代农民工的住房问题是导致其职业流动频繁的关键因素之一。目前,政府提供的各类保障房还没有兼顾非城镇户籍的新生代农民工,各地政府应根据往年的数据和经济发展的态势,合理估算能够吸纳的外来务工人员的数量,并相应地确定对保障房的资金投入力度,根据新生代农民工缴纳社会保险的年限适当放宽新生代农民工对保

障性住房的申请限制。同时,保障性住房布局要合理,应尽量结合交通设施布局,提高管理水平,加强监管力度,使新生代农民工真正能够在城市中安居。

4.3 流动末期:增加就业机会,增强家乡吸引力

由于农村地区经济发展普遍比较落后,缺乏吸引新生代农民工就业的能力,因此大量新生代农民工纷纷涌向城市。而由于城乡二元结构壁垒的限制及自身能力的不足,只有极少数新生代农民工能够满足在城市中安家落户的要求,更多的新生代农民工会在流动后期,即基本完成经济积累后,表现出背离大城市,回到家乡附近中小城市或小城镇定居的愿望。这表明中小城市和小城镇将是未来新型城镇化的主要增长空间,如果中小城市和小城镇能够具备稳定的就业吸纳能力,那么将减少新生代农民工在大城市中过渡的环节,直接在中小城市和小城镇完成经济积累,实现就近城镇化。在《国家新型城镇化规划》中,国家已明确将中小城市和小城镇作为城镇化的主要空间。因此,下一步的关键工作是增强中小城市和小城镇的就业吸纳能力,主要措施包括引导产业转移、发展劳动密集型产业、增加就业机会,以促进经济发展,吸引劳动力,并建立健全基础设施和公共服务体系,增强中小城市和小城镇的吸引力。

5 结 语

新生代农民工是我国快速城镇化背景下城乡二元制度的特殊产物,与传统农民工相比,他们与城市关系更加密切,具有较强的城镇化意愿,是未来实现新型城镇化的主要人口,但是受现行城乡二元结构的限制,被统计为城镇人口的这部分新生代农民工未能在教育、就业、社会保障等多方面享有与城镇居民同等的基本公共服务,加大了这一群体的职业流动频率,进而影响了城镇化进程的稳步推进。因此,本文从职业流动背景的动态研究视角,对新生代农民工生活、工作、再教育等情况进行综合分析,深入剖析这一特殊群体,总结新生代农民工职业流动特征和规律,针对其在城镇化进程中产生的问题提出建议,希望政府改革劳动力市场的就业机制,在城市过渡时期完善社会保障制度,逐步实现新生代农民工与城镇居民社会福利均等化;最后就城镇化的主要增长空间——中小城市和小城镇如何提高就业吸纳力提出几点建议,希望通过建设劳动密集型产业,吸引新生代农民工就近城镇化,对新生代农民工实现合理的分流,降低对大城市的冲击力度。

(致谢:南京大学建筑与城市规划学院周洋岑、徐杰、王京海、钱忠林)

参考文献

[1] 中共中央国务院. 国家新型城镇化规划(2014—2020年)[R]. 2014.

[2] 陈昭玖,艾勇波,邓莹,朱红根. 新生代农民工就业稳定性及其影响因素的实证分析[J]. 江西农业大学学报,2011,10(1):6-12.

[3] 解永庆,缪杨兵,曹广忠. 农民工就业空间选择及留城意愿代际差异分析[J]. 城市发展研究,2014,21(4):92-97.

[4] 曹建云. 新生代农民工就业流动的影响因素研究——基于珠江三角洲的调查数据[J]. 调研世界,2014(10):36-41.

[5] 黄建新. 新生代农民工市民化:现状、制约因素与政策取向[J]. 华中农业大学学报,2012(2):44-47.

[6] 王春光. 新生代农民工城市融入进程及问题的社会学分析[J]. 青年探索,2010(3):5-15.

[7] 汪国华. "间架性社会保障权"与新生代农民工社会融合[J]. 中国青年研究,2012(1):39-43.

[8] 黄闯. 个性与理性:新生代农民工就业行为短工化分析[J]. 中国青年研究,2012(11):80-83.

[9] 李冬晓. 人的城镇化——新型城镇化的新生代农民工本位观察[J]. 地域研究与开发,2014,33(4):153-156.

[10] 李晓梅. 新型城镇化进程中的农民工稳定就业影响因素研究[J]. 农村经济,2014(12):100-104.

[11] 王春光. 新生代农民工:特征、问题与对策[J]. 人口研究,2010,34(2):31-34.

[12] 陈锋,徐娜. 新生代农民工的返乡动因及其社会适应[J]. 中国青年研究,2015(2):63-68.

流动人口消费空间生产中的能动实践：
以南京市安德门市场为例[*]

杨寅超　张　敏[**]

YANG Yinchao　ZHANG Min

摘　要：本文以南京市安德门市场为例，运用体验式观察与深入访谈的方法，从"结构—能动"的角度揭示流动人口利用城市结构力量进行自身生计、生活与消费空间的生产的能动过程。研究发现，流动人口通过资本与权力间隙的利用、底层消费平台的搭建以及"反规训"操作应对城市发展过程中结构力量的压迫与约束，从而驱动市场空间的生成与变迁。结构二重性是流动人口能动实践发生的前提与基础，这种二重性主要体现为城市开发的不确定性以及基层部门的利益关联。

关键词：流动人口；消费空间；结构；能动性；市场；南京

Abstract：Taking Nanjing Andemen market as the case for research and adopting methods of in-depth interview and experiential observation, this paper tried to explain the agency of floating population that exploiting the structure strength to produce consumption space and make a living. The conclusions include that：in the course of market formation and change, floating population respond to the restriction of structure strength by utilization of capital and power margins，build of consumer platform and anti-discipline practice. The duality of structure forms the basis of floating population's practice, it consists of two dimensions：uncertainty of urban development and interest association with the primary sector.

Keywords：floating population；consumption space；structure；agency；market；Nanjing

---

　*　本研究为国家自然科学基金资助成果，项目名称：我国大城市消费空间的生产：阶层化与日常生活整体性框架下的文化政治研究（41371150）。

　**　作者单位：南京大学建筑与城市规划学院，江苏南京，210093。

1 引　言

在大量关于城市流动人口的空间问题研究中[1-3],对流动人口的消费空间的研究鲜有涉足。以城市中的简易市场、街头摊贩等为代表的临时性空间既是进城农民的生计空间,又是他们的消费空间。这些临时性空间的生成与转变体现了流动人口在体制外积极寻求空间嵌入的路径与结果,折射出流动人口进入城市后的时空磨合过程。在这类空间中,以城市顶层意志、发展决策为代表的结构力量与流动人口个体的日常生活能动实践之间的矛盾和张力尤为突出。本文以南京市雨花台区安德门市场为例,从"结构—能动"的视角分析流动人口围绕市场空间而展开的能动实践与应对策略,借此揭示流动人口消费空间生成与变迁的内在逻辑,以期丰富中国流动人口社会空间研究实践,并为促进流动人口自主融入城市提供政策参考。

近些年来,在从制度[4]、资本[5]、土地[6]与住房[7]等角度对中国流动人口聚落空间的形成机制进行研判的同时,一批学者开始探讨城市发展中的结构力量与底层流动人口能动性的生活实践这二者的相互关系。结构化理论认为,社会本身存在着结构,并通过制度关系及其规则来制约人们的社会行动,而人们在自己的社会行动中将不断产生新的需求并以此来影响、规范和调整人们的行为规则以及社会制度[8]。在城中村等流动人口社会空间的形成与演化过程中,结构即表现为以制度、政策,以及发展决策等为代表的各级顶层意志。而能动性就是指行为主体在特定结构制约下所做出的能够实现自己利益诉求的选择[9]。近来的相关研究弱化了将中国城乡移民单纯描写为受到全球资本主义、城乡户口、劳动与住房市场等制约的被动受害者,即所谓的结构主义观点[10-12],重点关注流动人口如何积极地采取策略、调动资源以最大程度地提升自己在异地的生存境遇[13],例如跨地方社会网络对流动人口生产生活空间的作用[14-15],空间生产战略与日常生活实践战术作用下的非正规空间的形成[16],城市管理中的"规训"与流动人口"反规训"对城市公共空间的再造[17],流动摊贩塑造对立空间的能动方式[18]。但是,既有研究过于强调流动人口能动性与城市发展的结构力量之间的对立性,忽略了他们对城市发展决策等结构力量的策略性利用。本文从"结构—能动"二元辩证角度,重点探讨流动人口是如何反身性利用城市的结构性力量来进行自身生计、生活与消费空间的生产的。

2　研究对象与研究方法

本文选取南京市安德门农贸市场作为研究对象(见图1)。主要出于以下考虑:首先,安德门农贸市场临近华东最大的民工劳务市场——安德门民工劳务市场,所在的赛虹桥街道是南京市主城区流动人口居住、就业分布规模较高的地区[19]。其次,安德门农贸市场的生成与演变经受一系列建设活动与城市事件的影响,体现了结构力量的直接作用。安德门农贸市场位于南京市主城区边缘,与南京地铁1号线安德门站毗邻。

市场呈条带状,分布于小行路与安德门北街交会处,长约150米,宽约12米。周边建设用地混杂多样,除了占主体地位的居住用地外,还包括部分教育科研用地与工业用地。市场北侧是有"宁南第一烂尾楼"之称的瑞尔大厦,以及占地约1公顷的农民平房区;南侧为德安花园小区。目前,市场内共入驻大小商户60余家(不包括摊贩)。其中,外来流动人口经营的商户占到九成。

本研究主要采取体验式观察和深度访谈法,并结合新闻、政策、论坛等相关文本分析。实地调查分别开展于2013年11月至12月,以及2014年4月至6月。访谈的样本总数为33人,包括15位经营者、12位农民工、4位当地居民以及2名市场管理者。在经营者样本中,流动人口占到90%,入驻时间在6~7年,个别商户接近10年。年龄范围为30—52岁,男女比例为9:6。在农民工样本中,男性比例占到90%,受教育程度普遍偏低,工作收入菲薄且较不稳定。大多数农民工来自安徽、河南以及苏北地区。

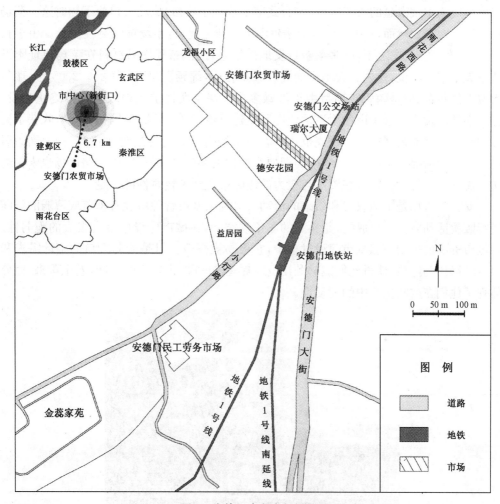

图1　安德门农贸市场区位图

3 流动人口围绕市场而展开的能动实践

面对城市发展过程中结构力量的压迫与约束,流动人口通过资本与权力间隙的利用、底层消费平台的搭建以及"反规训"操作等能动实践加以应对,从而驱动安德门农贸市场的生成与变迁。

3.1 利用资本与权力间隙,非正规市场获得生存

流动人口利用资本与权力的间隙能动地搭建临时性生存空间。改革开放以前,由于入城限制,本地农户将各自生产的农产品安放于入城道路的两侧进行售卖,以此实现生产、生活资料的余缺调节,久而久之,集市空间应运而生。20世纪90年代后期,安德门地区成为主城南延的重要区域,围合式菜场取代了集市,流动人口成了当时这一菜场的主体经营者。然而,2004年,由于瑞尔大厦的开工建设,菜场被强制性拆除。由于长期得不到安置,无奈之下,许多菜贩自发地采用毛竹、帆布等简易材料在菜场原址附近搭建起了临时摊位,这些大大小小的棚户紧密相连,绵延百米(见图2)。2005年,瑞尔大厦主体封顶,但是随后该项目由于涉嫌多项违法事实而被当地政府勒令终止建设。这一事件的发生减缓了市场附近地块的开发建设步伐,临时菜场"因祸得福",收获了更多的驻留时间与拓展空间。在规范化的农贸市场尚且缺乏的当时,临时市场为周边居民的日常生活提供了不少便利,因而即便经过相关部门多次整顿,该马路市场也未曾绝迹。流动人口的生存诉求在资本与权力的缝隙中得到了暂时性的满足。

安德门市场是本地农民和后来的流动人口利用城市管理所没有覆盖或薄弱的空间进行贩卖活动而自发形成的,是典型的非正规空间,在城市建设中具有很大的脆弱性。在城市资本的推动下和城市建设过程中,它极易被摧毁。但是流动人口的生计需求和对空间操作的经验,使得他们能够利用资本撤离的间隙,占据临时空间,卷土重来,充分体现了他们在空间生产中的能动性。

图2 流动人口自发搭建的临时性市场(摄于2005年)

3.2 搭建底层消费网络，支撑空间实际运作

重建的安德门农贸市场主动转型为农民工消费空间。较为低廉的租金契合低资本运作的以流动人口为主体的外来商户进行生活实践的能力；同时，由于身份上的近似性，商户向同为流动人口群体的农民工提供消费服务具有社会文化需求上的便利性。

2005年，南京地铁1号线正式通车，安德门成为南京主城区边缘重要的交通节点，与安德门站仅有一路之隔的临时菜场也在此时迎来了转型。一方面，赛虹桥街道在对菜贩随意搭建的棚户进行清理之后，在原址出资修建了十多间较为简陋的门面房。另一方面，由于瑞尔大厦的建设工程陷入停滞，临时菜场一侧的农民住房因此迟迟未被拆除。农民工于是将沿街的实体空间逐步打造成了连续性的商业街面。外来商户通过商铺租赁的方式获得了较为稳固的经商实体空间。

租金是外来商户介入市场空间的先决条件。由于市场空间本身的非正规性以及市场整体较为低端的经营业态，即便坐落在人流如织的黄金地段，即便转租加价，其租金长期以来仍旧维持在较低的水平，较周边正规的临街商铺低廉得多。二位经营蔬果的商贩告诉笔者：

> 这里的房租的确便宜，一年下来也就万把块钱，算得上是南京房租最便宜的地方了吧。别的地方可就别想了，大马路旁边开个店少说也得十来万一年，像我们这种做做小生意的外地人哪里吃得消。　　　　　　　　　（MC01，男）

> 我07年的时候就在这个市场里做过生意，当时是在这里卖二手书，后来我跟我老公去了奥体那边，那里的房租太贵，生意做不下去了，所以我们就搬回来了，还是这块好，人气旺而且租金便宜。　　　　　　　　　（MC03，女）

安德门农贸市场契合了农民工的消费需求，缓解了该群体在当地的生存窘境。底层务工人员在安德门地区的大量集聚源于安德门民工劳务市场的建立与营运。周边的大量商业设施由于消费门槛高，加之求职的流动人口在求职期间缺乏收入来源，严重抑制了其消费能力的释放，安德门农贸市场的存在则为服务他们的日常生活提供了基本保障。成立于2002年6月的安德门劳务市场是南京市第一家由政府扶持创办的专业人力资源市场，主要为来自农村的进城打工的农民工提供就业服务。原本设计容量30万人/年的安德门民工劳务市场如今实际人流数量已超过80万人/年。超负荷营运下，市场为外来务工者提供就业服务的能力逐步下降。底层务工人员滞留时间的延长导致其在当地的生活成本超出预期，必须在有限的时间内尽可能多地节减开支，以维持其日后的食宿和消费活动。安德门农贸市场以其低廉的服务价位以及丰富的经营业态为流动人口日常生活提供便利。一位农民工表示：

> 来了这里以后发现工作不好找，那钱也得省着花，白天基本上都在劳务市

场里,饿了就来这边买点包子、馒头什么的将就下,我们也不图好不好吃,只要能填饱肚子就行。

(MC06,男)

市场除了提供生活消费品外,还销售劳动工具(抹泥板、砖刀等)。一些农民工在与用人单位确定劳动关系之后,便来此处购买生活用品,随后直接奔赴工地或者工厂。外来商户针对农民工打造底层消费空间,双方共同建构出了底层的消费网络,并成为支撑该市场运作的内在供需机制。

通过上述生活实践,安德门农贸市场这一有限的空间实体将底层流动人口的日常生活进行全方位的高度浓缩,也改变了市场的业态与性质,生鲜蔬果沦落为市场的配角,餐饮、杂货、洗染功能则占据了市场最为有利的位置而成为主营业态。这种"业态洗牌"强化了市场的开放性与流动性,从而使市场从基层社区型的内向依赖转向了基于城市交通节点区位以及劳动力市场的外向共享。

3.3 实施"反规训"操作,降低城市事件干预

面对城市事件所引发的基层管理部门的矫治企图,外来商户通过日常式的伺机而动与温顺的变通实现"反规训"操作。长期以来,安德门农贸市场与其西侧尚未竣工的烂尾楼(瑞尔大厦)一同呈现出杂乱、破败的空间景象。究其原因,一方面,街道搭建的门面房本身较为简陋,在满足基本的水电供应需求之外,街道并未对建筑的外观做过多考虑;而为了容纳更多的外来商户,市场西侧的平房均被当地村民不同程度地加以改造或扩建,空间形态业已凌乱不堪。另一方面,市场内私人空间的膨胀导致了公共空间的萎缩与整体形象的破碎。例如,由于街道与村民在门面房搭建和改建之初并未充分考虑餐饮业、零售业对经营场地的要求,狭小的商铺空间导致不少商家被迫将杂货、加工原料以及生产设备暴露在外,而商住功能的结合更加剧了这种空间使用上的矛盾。市场的街道空间因此常常被外来商户肆意挤占,导致来往的人流、车辆通行不便。此外,出于实用的考虑,市场内各色商户的广告牌、招贴画以及遮阳伞等辅助性经营设施大多较为简易,并且长期缺乏维护。

随着市场空间"污名化"表征的不断累积,在城市大事件触发下,市场成为加强城市市容管控的重点地段。2014年4月,为迎接青奥会,南京全市强力推进"大干一百天"的环境整治活动,以期显著提升城市环境的整体面貌。在此背景下,赛虹桥街道对安德门农贸市场进行了重点整治(见图3)。街道工作人员采用画黄线的方式对市场大小商户的经营范围做了严格的限定,对市场入口处的随意设摊行为进行了制止并改造为自行车停放场地。平日里,街道不定期派遣工作人员前往市场展开监督管理,对于不遵守市场管理规定的商户采取强制歇业的惩戒措施。

然而,当空间权利受到挤压,市场便成了支配者与从属者持续斗争的地带。夜间是安德门农贸市场管理较为松懈的时段,伴随着管理人员的陆续退场,外来商户开始将各类商品在马路两边铺陈开来,一些摊贩则依然占据着市场的有利位置开展各类交易活

整治前的市场入口处　　　　　　　　　整治后的市场入口处

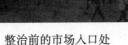

图3　整治前后的安德门农贸市场

动。当城管突击检查之时，摊贩将贩卖设施（如四轮小推车、人力三轮车）直接推进平房后院，利用这些隐蔽的空间规避检查。即便是拥有店铺的商户，考虑到自身商铺位于市场中段或者末端的不利区位条件，自制可以移动的贩卖设备，在管理松懈的时段前往人流量较高的市场出入地段叫卖。另外，面对整治期间市场不允许随意使用遮阳伞的规定，一些露天商户便自制钢架结构的遮蔽设施，这些设施虽然增加了商户的经营成本，但是也达到了既满足日常生活需求，也得到官方认可的目的。由此可见，市场内的外来商贩通常采取临时妥协、把握时机、寻求替代等个体化的行动方式规避基层组织的空间管制，诠释了德赛图所言的自下而上的空间"战术"[20]。

4　市场生存与运作中的能动性机制：结构二重性基础上的"改造"与"顺应"

　　Katz将行动者应对结构性约束力量的能动反应划分为"改造（acts of reworking）""顺应（acts of resilience）""反抗（acts of resistance）"三种类型[21]。"改造"是行动者意识到潜在的权力压迫后，自发创造空间以提升生存境况的行为，例如底层市民将废弃的场地改造为社区花园。"顺应"则是行动者依附于现存的权力结构，在既定的权力框架内采取多元化的策略应付权力束缚。与前面两者相比，"反抗"更为激烈，是行动者对现有权力结构进行正面、直接挑战的行为，例如工人群体的游行示威。在本案例中，流动人口主要通过"改造"与"顺应"两种方式应对城市顶层决策、城市事件等结构力量的影响。首先，面对生存空间的解体，流动人口再造了临时性的市场空间，形成"改造"。其次，在被编织入当地的利益链条之后，流动人口通过消费平台的搭建以及"反规训"操作应付基层对其的利用与空间规训，形成"顺应"。

　　结构在制约流动人口能动实践的同时，也为流动人口"改造"与"顺应"行为的发生创造了条件，从而体现了结构的二重性。在本案例中，主要体现在城市开发的不确定性以及基层部门的利益关联两个方面，这是流动人口"改造"与"顺应"行为发生的前提和基础(见图 4)。

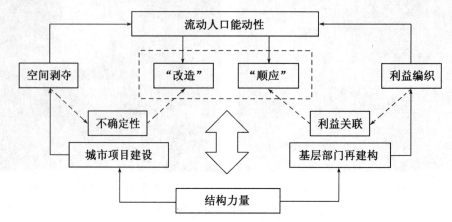

图 4　市场生存与运作中的能动性机制

城市开发势能的涌动与消隐是流动人口日常生活实践空间翻覆与重现的支配性力量。城市开发项目的推进不仅导致流动人口生活场域的瞬间解体,却也因为资本、权力退场所导致的空间搁置而为流动人口的驻留打开了缺口,以菜贩为代表的流动人口基于生存路径依赖发生"改造"行为,自发建构出了临时性的马路市场。由此可见,城市开发因其不确定性而体现出结构力量的二重性特质,这是流动人口"改造"行为发生的诱因,同时也是条件。然而,需要说明的是,由于此类"改造"行为并未融入当地的利益架构,因而这种临时性的占据并不稳定。

基层部门主导下的市场空间重构将流动人口编织入当地的利益链条从而加以利用,流动人口的能动实践也因此获得了庇护,从而实现了风险规避与成本消解(见图5)。伴随着安德门地区区位优势的凸显,外来商贩的日常生活实践也被逐渐纳入城市基层的利益链条之中,成了为街道、低保户、村民所利用的"底部"环节(见图 5)。一方面,赛虹桥街道以一种社会帮扶的方式将商铺以较为低廉的租金租给社区低保户使用,而低保户将从街道租来的商铺以相对较高的价格转租给外来商贩,借此坐收差价。基层部门从而将社会帮扶的压力转嫁给了流动人口。另一方面,村民通过出租自家平房向外地商贩收取租金,成为"食租阶层"[22]。在此基础之上,街道与村民通过对空间资源的再分配将流动人口转化为了利益之源。考虑到与租金直接挂钩的市场入驻率以及经营业态的盈利能力问题,基层职能部门实际上与外来商户形成了一种默契,市场因此成为逃避工商、税务以及卫生部门监管的"法外之地"。首先,监管的缺失为市场内餐饮类商铺的大量涌现创造了条件,流动人口得以在获取商铺的使用权之后绕过繁复的审批程序而即刻开展经营活动。而商户之间的转租交易也因为官方手续的省略而变得较为简便。一位经营牛肉汤的商户告诉笔者:

> 这里差不多就是一个"三不管"地带,一年下来工商、卫生部门来不了几次,来了也就是随便说几句,改不改都是我们的事,这个菜场里有正规经营执

照的没几家，有些饭馆换了好几拨人，但是经营执照永远都是那么一张……这
里管得松，所以转手也比较方便，签个合同就行了。　　　　　　　　　（MC02，男）

其次，与大多数功能绑定的消费空间不同，安德门农贸市场内的商户对店铺空间拥
有较大的支配权，因而为了免去住宿费用或是延长工作时间，不少外地商户将居住功能
植入商铺空间，而这类行为也得到了市场管理人员的默许。一位接受采访的商贩表示：

> 我选择在这里，很重要的一点是我在这里投资我亏得起，像这里每个月
> 1500块钱房租，我在外面租房住也要1000多块钱，即使这里我做不下去了，
> 我门一关就可以当卧室生活，我就是抱着这种想法，进可攻，退可守嘛。
> 　　　　　　　　　　　　　　　　　　　　　　　　　　　　　　（MC05，男）

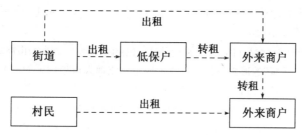

图5　安德门市场的利益链条

综上所述，通过基层部门执行的结构力量在通过市场空间的再建构实现对流动人
口的利益谋划的同时，也促使流动人口嵌入利益链条而获得了突破管制的便利。这种
二重性进而引发了流动人口的"顺应"行为，搭建与底层务工人员日常生活息息相关的
消费平台。

5　结　论

本文以南京市雨花台区安德门农贸市场为例，运用体验式观察与深入访谈的方法，
对流动人口在市场内的日常生活实践进行剖析，从"结构—能动"的角度揭示流动人口
利用城市结构性力量来进行自身生计、生活与消费空间的生产的能动性过程。本文得
出以下结论：首先，流动人口通过对资本与权力间隙的利用、底层消费平台的搭建以及
"反规训"操作等能动实践应对城市发展过程中结构力量的压迫与约束，从而驱动安德
门农贸市场的生成与变迁。其次，结构二重性是流动人口"改造"与"顺应"等能动实践
发生的前提和基础。结构在制约流动人口能动实践的同时，也为流动人口"改造"与"顺
应"行为的发生创造了条件，这种二重性主要体现在城市开发的不确定性以及基层部门
的利益关联上。本案例详细描述了在中国城市制度框架和城市快速扩张背景下，底层
流动人口积极谋求嵌入城市的法则，具有积极的一面。但是其透露出来的权宜性，体现

了底层群体谋求权益中的狭隘与制约。当然，本文的结论有待更多的案例研究进行验证。

参考文献

[1] 吴晓."边缘社区"探察——我国流动人口聚居区的现状特征透析[J]. 城市规划, 2003, 27(7): 40-45.

[2] 项飚. 传统与新社会空间的生成——一个中国流动人口聚居区的历史[J]. 战略与管理, 1996, 12: 99-111.

[3] 蓝宇蕴. 都市村社共同体——有关农民城市化组织方式与生活方式的个案研究[J]. 中国社会科学, 2005(2): 144-154.

[4] 千庆兰, 陈颖彪. 我国大城市流动人口聚居区初步研究——以北京"浙江村"和广州石牌地区为例[J]. 城市规划, 2003(11): 60-64.

[5] 张京祥, 胡毅, 孙东琪. 空间生产视角下的城中村物质空间与社会变迁——南京市江东村的实证研究[J]. 人文地理, 2014(2): 1-6.

[6] 陶栋艳, 童昕, 冯卡罗. 从"废品村"看城乡结合部的灰色空间生产[J]. 国际城市规划, 2014, 05: 8-14.

[7] 蓝宇蕴. 我国"类贫民窟"的形成逻辑——关于城中村流动人口聚居区的研究[J]. 吉林大学社会科学学报, 2007, 05: 147-153.

[8] 吴素雄. 从结构二重性到历史性: 吉登斯对马克思唯物史观的重建逻辑[J]. 探索, 2008(4): 154-158.

[9] 赵静, 闫小培. 深圳市"城中村"非正规住房的形成与演化机制研究[J]. 人文地理, 2012, 27(1): 60-65.

[10] Chan K W, Li Z. The "hukou" system and rural-urban migration in China: processes and changes[J]. China Quarterly, 1999, 160(160): 818-855.

[11] Fan C C. The state, the migrant labor regime, and maiden workers in China[J]. Political Geography, 2004, 23(3): 283-305.

[12] Wu W. Migrant settlement and spatial distribution in metropolitan Shanghai[J]. The Professional Geographer, 2008, 60(1): 101-120.

[13] Fan C C. Settlement intention and split households: Findings from a survey of migrants in Beijing's urban villages[J]. China Review, 2011, 11(2): 11-41.

[14] Liu Y, Li Z, Breitung W. The social networks of new-generation migrants in China's urbanized villages: A case study of Guangzhou[J]. Habitat International, 2012, 36(1): 192-200.

[15] 吴廷烨, 刘云刚, 王丰龙. 城乡结合部流动人口聚居区的空间生产——以广州市瑞宝村为例[J]. 人文地理, 2013(6): 86-91.

[16] 叶丹, 张京祥. 日常生活实践视角下的非正规空间生产研究——以宁波市孔浦街区为例[J]. 人文地理, 2015, 30(5): 57-64.

[17] 姚华松. 流动人口空间再造: 基于社会地理学视角[J]. 经济地理, 2011, 31(8): 1233-1238.

[18] 黄耿志, 薛德升. 1990年以来广州市摊贩空间政治的规训机制[J]. 地理学报, 2011, 66(8): 1063-1075.

[19] 徐卞融, 吴晓. 基于"居住—就业"视角的南京市流动人口职住空间分离量化[J]. 城市规划学刊,

2010(5):87-97.

[20] Certeau M D. The practice of everyday life[M]. Berkeley: University of Clifornia Press,1984: 34-42.

[21] Katz C. Growing up global: Economic restructuring and children's everyday lives [M]. Minneapolis: University of Minnesota Press, 2004: 239-260.

[22] 周大鸣,高崇. 城乡结合部社区的研究——广州南景村 50 年的变迁[J]. 社会学研究,2001(4): 99-108.

补贴公平性视角的公交都市发展策略探讨[*]

石　飞^{**}

SHI Fei

摘　要：促进公共交通使用和发展的重要手段除了塑造公交导向的建成环境之外，交通补贴这一重要经济政策也不容忽视，因为政策偏好可能较大程度上影响出行行为。本文基于补贴的视角，以南京市为例，重点分析和比较了公交出行与小汽车出行过程中的运营补贴和外部成本变相补贴。结果显示：后者单位补贴额为前者的 11.8 倍，这极不公平并有悖于公交导向的既定发展方向。进一步探讨，根据意愿调查数据分析取消免费停车这一重要补贴政策后的出行方式转移，结果表明，有超过 1/3 的顾客会转而选择公共交通和慢行交通。最后，提出政策建议，即停车收费的去福利化、配建停车设上限而非下限、收取停车调节费等补贴公交和增加小汽车使用税费的推拉政策。

关键词：交通补贴；公共交通；小汽车；出行方式选择；发展导向

Abstract：The ways to facilitate public transportation development are not only to shape transit-oriented built environment, but also not to ignore transport subsidies, which maybe effect travel behavior in large extent. This paper took Nanjing as an example, from the perspective of subsidies, to pay highlighted attention to analysis and compare operating subsidies in the process of traveling by transit and cars. The results indicated that per capital subsidy to car users is 11.8 times to transit passengers, which is extremely unfair and disobeyed the target of transi-toriented development drew up previously. Furthermore, it concluded, after analysis of effects of eliminating free parking on travel behavior, that more than one third of customers would like to convert their travel modes to public transportation and non-motorized traffic. Finally, some suggestions were given, namely, abolishing cheap and even free parking, setting maximum parking requirements rather than minimum parking requirements, implementing a push-pull policy that means to subsidy transit travels and to increase the level of taxes and fees of car use.

Keywords：transport subsidy; public transportation; cars; travel behavior; development-orientation

*　基金资助：国家自然科学基金（编号：51308281）；国家留学基金（China Scholarship Council，201606195038）。
**　作者单位：南京大学建筑与城市规划学院，江苏南京，210093

1 引 言

公交都市是在交通资源和环境资源约束的背景下,为应对小汽车高速增长、交通拥堵和能源、环境危机所采取的一项城市战略。公交都市的内涵绝不仅限于从属于部门制度的"公交优先"计划,而是从城市良性发展的高度,当前主要从物质建设层面创造一种有利于公共交通出行的城市环境,如城市空间结构、土地开发、新镇设计等。哥本哈根、库里蒂巴和新加坡等城市正是因其公共交通服务与城市物质环境之间的和谐共生而成为国际公认的著名的公交都市的(Susuki, et al., 2013;Cervero, 2007)。

就公交都市的物质性建设策略,Cervero、全永燊、宋彦等国内外知名学者已经为我们提供了较多的经验和教训(石飞,2014),因此,本文并不在这些方面展开研究,因为笔者认为除了物质环境建设之外,促进公共交通使用和构建公交都市不容忽视的另一非常重要的因素,即经济因素。正如著名学者赵燕菁(2014)所言:在增量规划逐步转型的背景下,应学会从经济学中寻找解决存量规划问题的工具。一个简单的例子是:北京的公共交通(含地面公交和轨道交通)补贴额已超过惊人的百亿、达到全市年度财政支出的11%,高于社会保障与就业的7.2%("公共交通补贴对缓解交通压力的实证研究"项目组,2013),却仍未能改变地面交通拥堵的尴尬现实。因此,本文试图基于补贴这一经济手段的视角,做一些有益的探索。

城市公共交通作为城市重要的基础设施,对全社会的总体效益有重要影响。但是,对于公交经营者来说,社会效益和经济效益难以两全,也由此决定了财政补贴的必要性。目前,中国城市,尤其是特大城市,同西方若干城市一样,采取了对公共交通进行补贴政策,但同时,我们可以隐约感觉到,通常情况下我们所认为的对公交出行的补贴,也发生在小型汽车的使用上,这显然与优先发展公共交通的政策相悖,并容易诱发交通出行方式转变和社会不公(Fu, 2017;Small, 2007)。基于此认识,本文将重点从补贴公平性视角,以南京市为例,测算、对比公交和小型汽车的出行补贴,进而从意愿调查中挖掘补贴对出行方式的影响,寄希望于以补贴对比和行为研究来阐述交通补贴视角的中国城市交通模式的偏好,并给出构建公交都市的经济政策与建议。

2 文献回顾

2.1 政府提供的交通补贴

一般认为,政府提供的交通补贴主要针对公共交通,并可分为运营补贴(operating subsidy)和资本补贴(capital subsidy)。

公共交通往往被看作一项公益性事业,世界各国绝大多数城市在公交运营中均入不敷出,也即票价等收入无法平衡运营成本,该部分差额往往由政府承担以保障公共交通的正常运营,此即运营补贴。例如,美国旧金山大都市区的海湾地区捷运系统

(BART),从 1983 年 6 月到 1984 年 6 月车票收入只有 6 600 万美元,而运营费用高达 1.34 亿美元。在 6 800 万美元的补贴中,86%来自地方政府的消费税,其余补贴则源自财产税等(Shen,2013)。西欧国家对公共交通的补贴所占比例也很高,如阿姆斯特丹、巴塞罗那、巴黎、罗马、格拉斯哥等已达 50%~70%(Abou-Zeid, et al., 2012;Litman, 2005)。在中国,地方政府对公共交通事业愈加重视。以中国首都北京为例,对地面公交和轨道交通的补贴额已从 21 世纪初的 10 亿左右跃升到 2013 年的 180 亿(张英、李宪宁,2014)。

从更为广泛的视角,公交系统建设资金由于多源自政府,因而运营前期的建设资金也可视作广义的一种补贴方式,即资本补贴。美国 1964 年制定的《城市公共交通法》、1991 年通过的《多模式地面交通效益法》(ISTEA)以及 1998 年颁布的《21 世纪交通公平法》(TEA-21)等均要求加大对地方公共交通建设的投入和援助力度,这无疑发挥了积极作用(Allen & Levinson, 2011)。但即使如此,公共交通建设资金与道路和公路基础设施投资的规模仍无法相提并论(Tscharaktschiew & Hirte, 2012)。中国目前尚未出台保障公共交通优先发展和涉及补贴机制的正式法律。尽管各地都在谋划和实施较大规模的公共交通投资建设,但与城镇化建设和道路建设资金相比仍相形见绌,这一点与美国极为相似。

2.2 雇主提供的交通补贴

在西方,典型的如美国,已经习惯了由雇主提供通勤补贴,或称附加福利(fringe benefit),如在城市中心区的雇主付费下的免费停车(employer-paid free parking),即雇主免费为雇员提供停车位。但某些州打破了这一常规,如加利福尼亚州在 1992 年出台的《停车补贴折现法案》(Parking Cash Out Law),要求雇主为雇员提供另一种选择,更多的雇员故而选择了折现(Pierce & Shoup, 2014)。2008 年,美国前总统小布什签署的《自行车通勤补贴法案》,使得自行车通勤能够与驾车通勤、公交通勤一道获得雇主补贴(Heinen, et al., 2010)。

中国的情况则有别于美国。尽管计划经济时代在工资表中即有交通补贴一项,但长期以来补贴款项已与其他收入合并,同时,该交通补贴并未针对某一交通方式,因而无法影响出行方式的选择。随着社会经济发展,某些企业出于某种目的而针对顾客特定交通方式的市场化补贴行为,因其影响了出行方式的选择而受到本文的关注。

2.3 补贴对出行行为的影响

交通补贴是否能够增加、减少或转移某种方式出行,需要做进一步的调查研究,下文将从宏观和微观视角分别展开。

从宏观角度看,可以根据历史数据分析某种方式的交通需求随价格或补贴变化的弹性。如 Kemp(1973)通过对欧美多个国家的数据分析得出:随补贴变化的公共交通需求弹性(demand elasticity)一般在 0.1~0.7,这意味着公交补贴能够产生更多的公交客流;但是这一需求弹性绝对值却低于随行程时间、发车间隔的需求弹性,表明补贴并非最好的方法(Kemp,1973)。另一项研究也有相似结论,随补贴增长的公交需求弹性为 0.2~0.4(Bly & Oldfield,1986)。

从个体的微观视角,围绕停车(这一驾车出行的重要环节)过程产生的补贴对出行行为的影响,西方展开了较多的研究。在美国,雇主付费停车(employer-paid parking)这种一度占据总出行成本 60%~70% 的变相补贴极大地促进了雇员独自驾车通勤(Marsden,2006;Calthrop,et al.,2000)。全美国接受这一福利的人群占高峰时段小型汽车出行的 2/3(Shoup,1995)。而其后的折现政策则显著降低了独自驾车通勤的比重,一项基于近 1 700 个样本的调研显示,折现后独自驾车比重下降了 17 个百分点,合乘小汽车数量则增长了 64%,公共交通通勤增长了 50%,通勤 VMT 则减少了 12%(Shoup,1997a)。Shoup 等人(1990)综合他人研究成果后认为:相较于不取消雇主付费停车但给予公共交通更多补贴这一情形,取消雇主付费停车对降低独自驾车通勤比重及小型汽车出行比重的效果更好。Willson(1992)其后的定量研究强有力地证明了这一点。对于路边停车,当停车价格极低或趋于免费时,此种对小汽车使用的又一隐性补贴也会促进小型汽车使用并可能导致车流中约 30% 的车辆巡游(Shoup,2006)。大面积免费停车的隐性补贴现象也出现在悉尼等国际大都市中,并显著影响对驾车出行的选择(Hay & Shaz,2012)。

2.4 小 结

西方对通勤出行的补贴则经历了从单一补贴小汽车通勤到补贴包括自行车在内的多种通勤方式的演变,这一过程亦伴随着社会各界对交通、环境和社会问题认识的深入而逐步成熟。需求弹性的测算证明,公交补贴是提高公交客流的有效措施,但可能并非最好的方法。西方用较大篇幅研究了停车补贴对出行行为的影响,结论有力、可信。西方对小型汽车使用的补贴大都是显性的。

国内当前较为关注公交定价机制和补贴政策(Yang,et al.,2010),而针对非公交出行的补贴、不同交通方式补贴间的对比研究、补贴对出行方式选择的影响等研究匮乏。客观上,国内对小型汽车使用的补贴是隐性的,并不为多数人所察觉。

事实上,国内外,尤其西方分别就公交补贴定价、免费停车问题做了较多研究,但令人惊讶的是,针对某一城市的公共交通和小型汽车出行的补贴对比研究却比较少见。本文将此作为重点讨论的主题,并以此来反映当前城市交通发展的导向性和补贴的公平性。

3 方 法

本文并未用到非常复杂的模型,研究方法也相对简单。

由于南京地铁相关部门声称南京的地铁系统运营基本自收自支,无需政府补贴(燕志华,2006),因此,本文重点关注地面公交与小型汽车出行中的运营补贴行为。这些补贴可能是显性的,如公交补贴;也可能是隐性的,如商场为吸引顾客出台的购物满额即可免费停车的政策。此外,补贴行为发生在出行的动态过程中,如公交运营;也会发生在出行的静态过程中,如车辆停放。未能在使用中体现的外部成本相关费用也是一种变相补贴,后文也将涉及。对地面公交和小型汽车出行的补贴值测算将详细到每人次,以提高可比性。

对公交企业减免税收也是非常重要的补贴手段,如德国、巴西等国家。我国某些城市减免了公交公司的税费,如营业税、附加费等,但有的城市并没有,如南京。也因此,后文的补贴测算将不考虑税收减免。

4 计算与对比

4.1 公交出行的补贴测算

发展公共交通是构建可持续城市交通体系的必然选择,但公交运营企业的政策性亏损却是不争的事实。以南京市为例,政府给予地面公交的补贴额在 2010 年已超过 5 亿元人民币。因此,如果公交乘客量数据已知,则可计算出分摊到个体的每人次补贴额,其计算过程详见表 1。

表 1 2010 年南京市地面公交运营成本及营运补贴额计算表

编号	参数	数据	计算方式
a	地面公交客运量(万人次)	100 804.52*	
b	总成本(万元)	198 690.3**	
c	人次车费成本(元/人次)	1.97	=b/a
d	客运总收入(万元)	141 599.37*	
e	人次车费实际消费(元/人次)	1.40	=d/a
f	单次公交出行平均补贴(元/人次)	0.57	=(e−c)
g	公交车内平均时间(min)	25.0*	
h	公交平均车速(km/h)	15.0*	
i	平均乘距(km)	6.25	=g·h
j	每人次公里补贴[元/(人次·km)]	0.091	=f/i

注:*南京市规划局、南京市住房和城乡建设委员会、南京市交通运输局、南京市城市与交通规划设计研究院有限责任公司:《南京市 2010 年度交通发展年报》,2011 年;** 许剑:《南京市公交企业补贴机制研究与分析》,载《交通企业管理》2013 年第 6 期。

由表 1 可知:每人次乘坐公交的成本约为 1.97 元,其中 1.40 元为乘客实际消费金额,余下的 0.57 元则为政府补贴,这与 2005 年北京市乘坐常规公交中不包含老幼低保的乘客补贴 0.562 元/次(Hao, 2009)相当。不过,若考虑补贴资金的使用效率,则单次公交出行的实际补贴将有可能因为管理环节的损耗等原因而低于 0.5 元。

那么,如此的公交补贴额与小型汽车相比,是否显得高昂或是低廉?

4.2 免费停放的补贴测算

小型汽车出行全过程的费用的产生大致包括 3 个部分:行驶产生的油耗费用、停放产生的停车费用以及车辆折旧费。目前,国内汽油价格主要跟随国际油价上下波动,而车辆折旧费不存在政府补贴,因此本文未考虑这两个环节的补贴,而将关注点放在停车费用环节。根据笔者的观察,一些政府机关大院为机关人员提供了较多的内部停车位,这些停车位显然是免费的,也就成为对机关人员这类特殊群体的通勤补贴,这无疑会刺激小型汽车出行。由于对此类机关内部停车场的调查极为困难,因此本文暂不就此展开,而是调研了商业企业的停车补贴行为。

近年来,一些大型商业机构为吸引客流,纷纷出台了消费满额即获停车免费政策。以南京新街口商圈的金鹰商场为例,其免费停车政策为:当天购物累计满 400 元,可免费停车 2 小时;购物累计满 800 元,可免费停车 4 小时;满 1 500 则免费停车 8 小时(封顶),超出部分则按南京市统一停车收费标准予以收费。2013 年 11 月 2 日(周六),我们在金鹰商场停车场蹲点展开调查,共计获得有效问卷 147 份。数据显示,这些车辆平均享受到 3.35 小时的免费停车,按照南京市统一停车收费标准,他们实际获得共计19.5 元的停车补贴。车内平均载客 2.25 人次,因此,单位补贴额为 19.5/2.25=8.67元/人次,约为地面公交补贴额的 15 倍,见图 1。计算过程如表 2 所示。

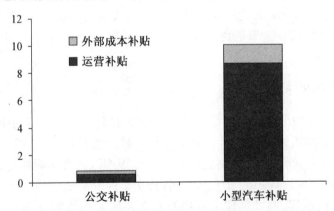

图 1　公交与小型汽车补贴对比图(单位:元/人次)

表 2　南京金鹰商场配建停车场免费停车政策下的补贴额计算表

编号	参数	数据	计算方式
a	平均享受的免费停车时长(小时)	3.35	
b	实际获得的停车补贴(元)	19.5*	
c	车内平均载客(人次)	2.25**	
d	单位补贴额(元/人次)	8.67	=b/c
e	单位小汽车补贴/单位公交补贴(元/人次)	15.2	=d/0.57

注:* 按照 2012 年南京市新实施的停车收费标准,一类区域路外停车场每 15 分钟收费 1.5 元,首个 15 分钟免费;** 数据来源于 2013 年 11 月 2 日的调查数据。

由此可见，免费停车虽然给商场带来了人气，却引发了新问题：由于免费停车而产生的停车补贴远大于政府对公交运营的补贴。据访谈调查结果，被调查者对免费停车表示欢迎，但当被问到取消免费停车时，他们表示会考虑改变出行方式，后文将做详细讨论。因此，免费停车事实上导致了社会不公和交通发展的导向不明（Faghih-Imani，2017；Shoup，1997b）。而金鹰商场的这一做法并非个案。如今，位于南京市中心（新街口商圈、鼓楼商圈）的十多个商业百货巨头以及位于城市近郊的宜家、麦德龙等大型仓储型购物超市均实行这一政策。南京金润发超市购物满50元即可免费停车2小时，成为免费停车条件最宽松的商户。此外，北京、上海、广州等多个大中城市的大型商户也有购物满额免费停车的优惠措施，这无疑大大吸引了市民开车前往并成为导致城市交通拥堵和空气污染的重要因素之一。

再补充一点：金鹰商场的年营业额仅为南京新街口商圈的约1/7，停放车辆数约为商圈的1/6。以节假日停车周转量2 000辆左右计，平均每车获得19.5元停车补贴，全年共128个节假日，则南京新街口商圈全年累计提供停车补贴约3 000万元[19.5·2 000·128/(1/6)]，而这一巨额补贴仅面向约345万人次[2.25·2 000·128/(1/6)]；总的停车补贴额是公共交通的5%（3 000/57 000），而享受停车补贴的人群只占地面公交乘客的0.3%（345/100 804）。显然，这极不公平。

有观点认为这属于商场从吸引顾客的市场经济的角度提出的优惠措施，但站在笔者的视角，这种营商方法仍与构建公交都市的总体方向相违背。事实上，南京地铁之所以无需政府补贴，重要的原因之一是地铁运营公司从其他渠道盈利以补贴地铁出行者，这同样是企业补贴行为，但却是我们认为合理的交通补贴策略，符合构建公交都市的思路。

4.3　外部成本的补贴测算

当前，国内并未收取小型汽车行驶过程中的外部成本（包含空气污染、噪音污染、气候变暖和交通事故）相关费用，因而可将其看作一种隐性补贴，上述四者之和的外部成本按照中国2005年价格计算，预测值为0.275元/VKT，公交车同样存在外部成本，该值约为0.864元/VKT（Wang，2011）。若将公交车的外部成本平均至个体，如假设车内平均承载35位乘客，则外部成本一项的公交补贴人均值为0.864/35＝0.025元/VKT，仅为小型汽车的1/11。

据调查，147位驾车者因购物产生的平均往返行驶里程为11.56公里，则小型汽车出行的外部成本为11.56·0.275＝3.18元，人均值为3.18/2.25＝1.41元/人次。公交车内以35位乘客计，则相同公交出行距离产生的外部成本为0.864·11.56/35＝0.285元/人次，远低于小型汽车（见表3）。

表3 147位被调查者出行的外部成本计算表

编号	参数	数据	计算方式
a	单位小型汽车每公里的外部成本(元/VKT*)	0.275**	
b	单位公交车车公里的外部成本(元/VKT)	0.864**	
c	单位公交乘客车公里的外部成本(元/人次VKT)	0.025	=b/35
d	小型汽车平均往返行驶里程(公里)	11.56***	
e	小型汽车平均载客人数(人次)	2.25***	
f	单位小型汽车一次购物出行的人均外部成本(元/人次)	1.41	=a·d/e
g	单位公交车相同里程出行的人均外部成本(元/人次)	0.285	=c·d

注：* VKT 是 Vehicle Kilometers Traveled，简称车公里。** 数据来源：Wang R. Autos, transit and bicycles：Comparing the costs in large Chinese cities[J]. Transport Policy, 2011, 18(1)：139-146. *** 数据来源：2013年11月2日的调查数据。

针对公交和小型汽车的出行补贴对比见图1。显然，无论运营补贴还是外部成本一项的隐性补贴，全社会对公交出行的补贴均小于其对小型汽车出行的补贴，二项合计后的小型汽车补贴(10.08元/人次)是公交补贴(0.855元/人次)的11.8倍，这极不合理。在无法真实反映交通方式的实际使用费用的同时，也造成了城市交通主导模式的南辕北辙、导向不明、政策不公。对小型汽车使用的补贴将抵消和衰减政府提升公共交通服务水平的政策效果，并导致高碳的发展导向。对于出行者和消费者来说，则是在以广义当斯定律(Downs，1992)的方式鼓励他们更多地使用小型汽车。下文的分析能够证明这一点。

5 停车补贴对出行行为的影响分析

仍运用2013年11月2日的147位回应者的数据，分析免费停车这一补贴对出行方式选择的影响。笔者设计了以下3项意愿调查项目，统计1实际上源于对问题2的分解和数据整理。因有10位车主选择不会考虑改变出行方式，故而不用回答问题2。调查选项及数据整理结果见表4和图2。

表4 意愿调查内容及数据整理

问题1	停车费高于多少元/次，您就会考虑更换交通方式？						
选项	a	b	c	d	e		共计
	10	20	30	50及以上	都无所谓		
计数	16	62	45	14	10		147
占比/%	10.88	42.18	30.61	9.52	6.80		100.00

（续表）

问题2	如果更换交通方式,您会考虑换成哪种交通方式?						
选项	a	b	c	d	e	f	共计
	步行	合乘车	自行车	公交	出租车	地铁	
计数	5	6	15	20	45	46	137
占比/%	3.65	4.38	10.95	14.60	32.85	33.58	100.00
问题3	您开车来此的主要原因有?（最多三项）						
选项	a	b	c	d	e	f	共计
	习惯开车	公交不方便	停车费低甚至免费	购物多可装载	开车有面子	开车不喝酒等	
计数	126	98	87	70	28	32	441
占比/%	28.57	22.22	19.73	15.87	6.35	7.26	100.00
统计1	进一步统计16+62个停车费高于20元就考虑更换交通方式的群体,会考虑换成哪种交通方式?						
选项	a	b	c	d	e	f	共计
	步行	合乘车	自行车	公交	出租车	地铁	
计数	4	5	12	14	18	25	78
占比/%	5.13	6.41	15.38	17.95	23.08	32.05	100.00

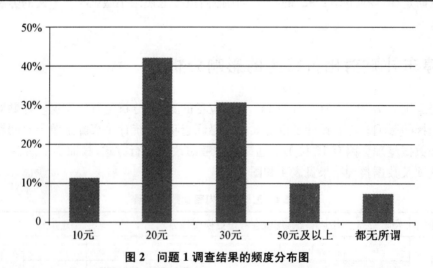

图2 问题1调查结果的频度分布图

如果取消免费停车政策,则根据问题1,若停车费超过30元/次,超过八成的车主将选择改变出行方式。根据问题2,147位调查者中选择步行、自行车、公交和地铁作为替代方式的将接近64%。

考虑到前文分析的平均停车补贴为19.5元,故而选择最靠近的20元为临界点,做进一步分析。也即当没有补贴，需要自己支付 20 元时，有 53.06％(10.88％＋42.18％)的车主将改变出行方式(见问题 1)。而根据统计 1,其中又有约 70％的车主会选择公共交通(公交和地铁)和慢行交通(步行和自行车)这样的绿色交通方式,这正是我们所鼓励的。综上,取消停车补贴后,147 人中有 55(16＋62－5－18)位车主将选择公共交通和慢行交通,占比为 37.4％,也即有超过 1/3 的小型汽车出行将转为非小型汽车形式的出行方式,这将大大减少车公里数和外部成本。

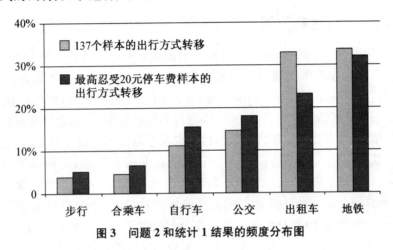

图 3　问题 2 和统计 1 结果的频度分布图

以 147 个样本计,因购物产生的总行驶里程为 1 699.32 公里(11.56・147),取消免费停车后减少的里程约为 635.55 公里(1 699.32・37.4％),以全年 128 个节假日计,则年均减少的里程为 8.1 万公里(635.55・128),相当于绕地球 2 圈,或绕月球 8 圈。相应地,样本中能够节省的年外部成本为 2.24 万元(8.1・0.275)(以中国 2005 年价格计)。当然,如涵盖所有来金鹰商场消费的车辆,并涵盖工作日,则节省的年车公里数和年外部成本将远远高于这一数字。

6　结论与讨论

根据上述分析,无论运营环节还是外部成本产生的补贴,公交都远远低于小型汽车,二项归并后的单位补贴差距在 10 倍以上,体现出事实上的小型汽车优先而非公交优先、小型汽车导向而非公交导向、构建小型汽车都市而非公交都市。而且,这些补贴相较北美的通勤补贴显得更为隐蔽,因而少有人关注。而据居民意愿调查则充分显示出免费停车对小型汽车出行的刺激性作用。可见,交通补贴深刻影响着出行行为,并进而影响既定的城市交通发展导向。下文将从对交通方式的补贴或经济视角,探讨发展公交都市的几点政策及策略建议。

6.1　去停车福利化以体现公平

对于各种交通方式的补贴,首先应消除停车收费的福利化,即去福利化。在城市用地资源极其稀缺的情况下,实行与停车位资源成本不相对称的低廉价格,甚至采用免费的方式提供给公众使用,这样的行为具备鲜明的供应商福利最大化而非社会福利最大化倾向,并实际偏向了高收入群体。而补贴的实质在于财富再分配,并只能从高收入群体流向低收入群体。因此,面向高收入群体的免费停车自然难言其合理性和公平性。为此,政府应充当极为关键的角色,应约束商家仅从其个体出发制定的与城市发展导向不相适应的政策。

6.2 配建设上限而非下限

在此,还需强调一个问题,即停车设施的去配建化或给配建设上限指标而非下限。政府应审慎考虑配建停车规模这一需求导向(demand-driven)要素,尤其在城市中心区,不应参考在交通影响分析(Traffic Impact Analysis,简称 TIA)中广泛使用的出行生成率指标来计算所需配建车位数,而应降低停车配建标准,并制定最高而非最低配建标准。在此情形下,开发商出于控制成本的考虑甚至可以不建设停车场地,也因此可称之为去配建化。市场在较低的供给水平下只会收紧停车供应,并抬高费率(Shoup,1999;Willson,1995;Willson,2013)。新加坡在 20 世纪 90 年代开始缩紧市中心停车位数量,并允许开发商减少最多 20%的配建停车位建设,一个较为突出的案例是位于CBD 的始建于 20 世纪 60 年代的市场街汽车公园提供了 704 个停车位,但于 2011 年被关闭(LTA,2013)。波特兰市则依据项目距离公共交通的远近来设定允许建设的停车位上限指标。

事实上,大量供应停车位也是一种面向小型汽车车主的福利。满足供给的停车配建政策同时变相刺激和鼓励车辆使用,停车需求将进一步上升,停车与土地之间将陷入无限需求与有限供给之间不可调和的矛盾。

6.3 征收停车调节费体现外部成本

停车调节费,作为一项独立于停车费的行政事业性收费,实质上解决了对小型汽车出行的外部成本进行收费的问题。这一创新政策既保证了停车场建设运营和管理方的主体地位(不影响其收取停车费),又体现了政府调节交通出行方式的决心,符合政府对发展可持续城市交通体系的整体诉求。

6.4 制定"自愿停驶制度"

治理小型汽车应逐步去行政化(如禁限行),更多采用市场化手段。除采取更严格的监管措施落实停车收费政策外,还可采用鼓励主动停驶的办法,如直接给予停驶者物质奖励,即补贴。韩国首尔 2003 年启动"自愿停驶制度",参与的车辆可获得汽车税、交通拥堵费、停车费等方面的优惠。此措施使市中心区交通流量减少了 11%,通过调整优惠力度还可实现动态调控。北京目前每个工作日停驶机动车总量约为 100 万。假如每日停驶一辆车补贴 100 元,每年补贴总计 48 亿元,大致与每年交通违章罚款收入相当。也就是说,只要将每年交通罚款用于奖励自愿停驶车辆,对小型汽车使用量的减少效果,与尾号限行措施相当(赵延峰,2014)。

6.5 施行推拉政策

通过针对公交出行的补贴和针对小型汽车使用过程中的税费形成"推拉效应"是促使建立可持续的、公交导向城市交通模式的有效手段。显然,从构建公交导向的城市交通发展模式入手,应当给予公交补贴,相反,尽量消除针对小型汽车的一切补贴,并提高小型汽车从拥有到使用的各种税费。针对小型汽车的税费和针对公交的补贴应当是相对应的,即多征收的各种税费应用于公共交通的发展,这样,穷人才能够从针对富人小型汽车征收的税费中获益,以消除提高小型汽车使用成本可能带来的所谓不公平的言论(Pierce, et al. , 2014)。创新性地征收停车调节费(如深圳市)和大幅提高停车费率等,在这两个涉及小型汽车行驶和停放的关键环节上的税费制度改革无疑是明智的,也终将是有效的。此外,北京等城市的实践证明直接针对小型汽车的政策(相较提升公交运力和效率)才是最有效的(中规院交通所,2014)

6.6 慎重扩大补贴规模

值得注意的是:公交补贴并非越多越好,除产生补贴经费的使用和管理可能低效(Parry & Small, 2009；Karlaftis & McCarthy, 1998)、员工工资增长过快(Sakai& Shoji, 2010；Bly & Oldfield, 1986)、进一步补贴了那些已经乘坐公共交通的人而非将人们从小汽车中脱离出来(Attoe & Henderson, 1988)等问题外,过多的补贴压低了票价,容易导致城市生活成本下降、更多人口迁入、公共交通内部拥挤和职住失衡加剧等其他社会与规划问题,如北京。因此,针对公交的补贴规模应视补贴效率及其他社会因素而定,这仍需做进一步深入研究。

7 结 语

笔者认可建成环境和公共交通设施在促进公交发展和塑造公交都市中具有重要作用,但再次强调绝不应忽视经济因素所代表的公交都市发展政策、策略,因为各种不恰当、不公平的补贴必然会导致与规划初衷不一致的后果,从而影响公交都市的构建。对补贴的关注不应停留在总盘子上,而应分摊到每位乘客并与小型汽车补贴相对照,以反映补贴力度和倾向。此外,当物质性规划建设在构建公交都市、缓解交通拥堵上失灵时(如摊大饼式的城市形态极不利于公共交通的组织运营),合理的经济手段将有可能扮演扭转被动局面的角色(石飞,2013)。

最后,用美国一位拥有耶鲁大学经济学博士学位、在加州大学洛杉矶分校城市规划系任职的著名学者 Shoup 教授(2005)的一句话做结语并共勉:Let prices do the planning.

参考文献

[1] Abou-Zeid, M. , Witter, R. , Bierlaire, M. , Kaufmann, V. , & Ben-Akiva, M. Happiness and travel mode switching: findings from a Swiss public transportation experiment[J]. Transport Policy, 2012, 19(1): 93 – 104.

[2] Allen, J. G. , & Levinson, H. S. Regional rapid transit[J]. Transportation Research Record: Journal of the Transportation Research Board, 2011, 2219(1): 69 – 77.

[3] Attoe, W. & Henderson, P. Transit, Land Use and Urban Form (Center for the Study of Architecture at the School of Architecture, Univ of Texas) [M]. University of Texas Press, 1988.

[4] Bly, P. H. , & Oldfield, R. H. The effects of public transport subsidies on demand and supply [J]. Transportation Research Part A: General, 1986, 20(6): 415 – 427.

[5] Brueckner, J. K. Transport subsidies, system choice, and urban sprawl[J]. Regional Science and Urban Economics, 2005, 35(6): 715 – 733.

[6] Calthrop, E. , Proost, S. , & Van Dender, K. Parking policies and road pricing[J]. Urban studies, 2000, 37(1): 63 – 76.

[7] Cervero, R. The transit metropolis: a global inquiry[M]. Island Press, 1998.

[8] Department of the Treasury, Internal Revenue Service, Publication 15 – B, Cat. No. 29744N, Employer's Tax Guide to Fringe Benefits (for use in 2014).

[9] Downs, A. Stuck in traffic: Coping with peak-hour traffic congestion[M]. Brookings Institution Press, 1992.

[10] Fu L, Farber S. Bicycling frequency: A study of preferences and travel behavior in Salt Lake City, Utah[J]. Transportation research part A: policy and practice, 2017, 101: 30 – 50.

[11] Faghih-Imani A, Anowar S, Miller E J, et al. Hail a cab or ride a bike? A travel time comparison of taxi and bicycle-sharing systems in New York City[J]. Transportation Research Part A: Policy and Practice, 2017, 101: 11 – 21.

[12] HAO, J. , ZHOU, W. , HUANG, H. , & GUAN, H. Calculating model of urban public transit subsidy[J]. Journal of Transportation Systems Engineering and Information Technology, 2009, 9(2): 11 – 16.

[13] Hay, A. , & Shaz, K. Parking and Mode Choice in Sydney: Evidence from the Sydney Household Travel Survey[C]//Australasian Transport Research Forum (ATRF), 35th, Perth, Western Australia, Australia, 2012.

[14] Heinen, E. , van Wee, B. , & Maat, K. Commuting by bicycle: an overview of the literature [J]. Transport reviews, 2010, 30(1): 59 – 96.

[15] Karlaftis, M. G. , & McCarthy, P. Operating subsidies and performance in public transit: an empirical study [J]. Transportation Research Part A: Policy and Practice, 1998, 32 (5): 359 – 375.

[16] Kemp, M. A. Some evidence of transit demand elasticities[J]. Transportation, 1973, 2(1): 25 – 52.

[17] Land Transport Authority (LTA). Land Transport Masterplan[C]. Singapore: LTA, 2013.

[18] Litman, T. Part 2: Rail Transit and Commuter Rail: Impacts of Rail Transit on the Performance of a Transportation System[J]. Transportation Research Record: Journal of the Transportation Research Board, 1930(1): 21 - 29.

[19] Marsden, G. The evidence base for parking policies-a review[J]. Transport Policy, 2006, 13 (6): 447 - 457.

[20] Middleton, W. D. Metropolitan railways: Rapid transit in America[M]. Indiana University Press, 2003.

[21] Parry, I. W., & Small, K. A. Should urban transit subsidies be reduced? [J]. The American Economic Review, 2009, 99(3): 700 - 724.

[22] Sakai, H., & Shoji, K. The effect of governmental subsidies and the contractual model on the publicly-owned bus sector in Japan. Research in Transportation Economics, 2010, 29 (1): 60 - 71.

[23] Savage, Ian, and August Schupp. Evaluating Transit Subsidies in Chicago[J]. Journal of Public Transportation, 1997, 1: 93 - 117.

[24] Shen, Q. Under What Conditions Can Urban Rail Transit Induce Higher Density? Evidence from Four Metropolitan Areas in the United States, 1990—2010[D]. University of Michigan, 2013.

[25] Shoup, D. C. An opportunity to reduce minimum parking requirements[J]. Journal of the American Planning Association, 1995, 61(1): 14 - 28.

[26] Shoup, D. C. Evaluating the effects of cashing out employer-paid parking: eight case studies [J]. Transport Policy, 1997, 4(4): 201 - 216.

[27] Shoup, D. C. The high cost of free parking[J]. Journal of Planning Education and Research, 1997, 17(1): 3 - 20.

[28] Shoup, D. C. The trouble with minimum parking requirements[J]. Transportation Research Part A: Policy and Practice, 1999, 33(7): 549 - 574.

[29] Shoup, D. C. The high cost of free parking[M]. USA: Planners Press, American Planning Association, 2005.

[30] Shoup, D. C. Cruising for parking[J]. Transport Policy, 2006, 13(6): 479 - 486.

[31] Small, Kenneth A., and Erik T. Verhoef. The Economics of Urban Transportation[M]. London and New York: Routledge, 2007.

[32] Small, K. Urban transportation economics (Vol. 4)[M]. Taylor & Francis Group, 2013.

[33] Susuki, H., R. Cervero, K. Iuchi. Transforming Cities with Transit: Transit and Land-Use Integration for Sustainable Urban Development [R]. Washington, D. C. : The World Bank, 2013.

[34] Tscharaktschiew, S., & Hirte, G. Should subsidies to urban passenger transport be increased? A spatial CGE analysis for a German metropolitan area[J]. Transportation Research Part A: Policy and Practice, 2012, 46(2): 285 - 309.

[35] Wachs, M. Learning from Los Angeles: Urban Form, and Air Quality[D]. Graduate School of Architecture and Urban Planning, University of California, Los Angeles, 1993.

[36] Wang, R. Autos, transit and bicycles: Comparing the costs in large Chinese cities [J]. Transport Policy, 2011, 18(1): 139 - 146.

［37］Willson，R. W.，&Shoup，D. C. Parking subsidies and travel choices：assessing the evidence ［J］. Transportation，1990，17(2)：141－157.

［38］Wilson，R. W. Estimating the travel and parking demand effects of employer-paid parking［J］. Regional Science and Urban Economics，1992，22(1)：133－145.

［39］Willson，R. W. Suburban parking requirements：a tacit policy for automobile use and sprawl ［J］. Journal of the American Planning Association，1995，61(1)：29－42.

［40］Willson，R. W. Parking Reform Made Easy［M］. Island Press，2013.

［41］Yang，Y.，Qi，K.，Qian，K.，Xu，Q.，& Yang，L. Public transport subsidies based on passenger volume ［J］. Journal of Transportation Systems Engineering and Information Technology，2010，10(3)：69－74.

［42］Pierce G.，Shoup D. 停车收费合理定价——基于需求的旧金山停车定价模式评价［J］. 石飞，王宇，袁泉，译. 城市交通，2014(6)：82－94.

［43］"公共交通补贴对缓解交通压力的实证研究"项目组. 我国城市公共交通补贴政策分析——以北京市为例. 中国集体经济，2013(6)：42－45.

［44］南京市规划局、南京市住房和城乡建设委员会、南京市交通运输局、南京市城市与交通规划设计研究院有限责任公司. 南京市 2010 年度交通发展年报［Z］. 2011.

［45］石飞，徐向远. 公交都市物质性规划建设的内涵与策略［J］. 城市规划，2014(7)：61－66.

［46］石飞. 出行感知决策的心理学分析与启示［J］. 现代城市研究，2013，28(1)：111－116.

［47］许剑. 南京市公交企业补贴机制研究与分析［J］. 交通企业管理，2013(6)：38－42.

［48］燕志华. 南京地铁"谢绝"政府补贴［N/OL］. 新华日报，2006－09－04. http://xh. xhby. net/mp1/html/2006－09/04/content_4796264. htm.

［49］张英，李宪宁. 北京市城市公共交通财政补贴效率分析［J］. 价格理论与实践，2014(4)：56－58.

［50］赵延峰. 北京地铁挤，常规公交潜力还很大［N/OL］. 澎湃网，2014－11－19. http://www. thepaper. cn/newsDetail_forward_1279418.

［51］赵燕菁. 存量规划、理论与实践［N/OL］. 中国宏观经济信息网，2014－10－13. http://www. macrochina. com. cn/zhtg/20141013109518. shtml.

试论文化认同研究的空间维度与研究展望

段怡嫣 *

DUAN Yiyan

摘　要: 基于城镇化的背景,本文提出了空间维度的文化认同问题。首先,回顾和总结了当前涉及空间的、与文化相关的"认同"研究进展;其次,从哲学认识的角度对"文化认同"进行演绎,用结构主义的空间观构建了"文化认同"空间维度的研究内涵——由于文化成为空间本身的属性之一,"文化认同"将有利于空间中认同问题的研究深化;再次,在研究的逻辑和层次上总结出人文派、结构派、实证派三种研究视角;最后,提出在城镇化的空间实践中开展"文化认同"研究的三个研究议题,并展望其研究视角及研究意义。

关键词: 文化认同;空间维度;研究视角;城镇化

Abstract: In the context of urbanization, the subject of Culture Identity in space dimension is brought forward. Firstly, the development of researches on "identity" was reviewed in terms of space and culture. Secondly, a philosophic conception of Culture Identity was deduced epistemologically in structuralism and the significance of research in space dimension was formed accordingly. The paper holds a view that culture is one of space's important natures, thus under the logic of "culture turn", analysis on Culture Identity goes deeper in "identity" research. Thirdly, this paper sorted out three perspectives to launch Culture Identity research in consideration of logic and standpoint level. In the end, three different topics on Culture Identity with each own analysis perspective and significance were put forward for future prospects in respect of urbanization and spatial research.

Keywords: culture Identity; space dimension; perspectives; urbanization

1　引　言

　　"文化认同",据《中华文化辞典》释义,为一种肯定的文化价值判断,即指文化群体

---

* 作者单位:南京大学建筑与城市规划学院,江苏南京,210093。

或文化成员承认群内新文化或群外异文化因素的价值效用符合传统文化价值标准的认可态度与方式[1]。事实上，20世纪50年代末期以来，随着跨文化交流逐渐频繁，各领域学者针对文化认同的问题先后开展了广泛的讨论，并随着世界贸易组织（WTO）对全球化的推动而深入[2]。在我国，对全球化背景下文化认同问题的普遍关注始于20世纪80年代中期，主要集中在社会学、政治学、人类学、文学、语言学等领域，与之相关的课题有：民族身份、跨文化适应、文化帝国主义、文化身份等[3]。

伴随经济全球化，文化也加入了全球化进程。《再造现代性》一书详细描述了全球化过程中资本追逐符号化的文化在世界各地流动的过程[4]。符号化的外来文化正逐步侵蚀着本土文化的生存空间，在目睹传统的习俗礼节、生活方式、工匠技艺、文学艺术被逐步遗落、淡忘的同时，其物质载体——城市与乡村的文化景观、公共空间及文脉肌理，也面临着消亡的命运。面对资本导向的开发致使大众流行文化所主导的空间占据城市，国外学者一度竭力发声，呼吁对城市空间——人们意象与记忆的载体中的权力关系进行深刻反思[5]。

1.1 相关概念考察

"认同"（Identity，又作"身份"）一词源于心理学术语，作为西方人文社会科学的研究热点，在文学、语言学、社会学、政治学、人类学、地理学等学科中均有深入探讨，且随着20世纪后期"文化转向"的深入，关于"认同"问题的研究逐渐呈现为多学科、多视角、多方法、多议题的相互交融[6-10]。与国外不同的是，国内学术界对"认同"较为多元化的深入探讨主要集中在社会学领域，在涉及有关空间的问题时主要以人文地理的文化地理学及旅游地理学为主，"文化"则是作为认同的相关影响因素而受到考察。

"地方认同"（Place Identity）是人文地理学探讨的一个概念。随着20世纪70年代西方人文主义的盛行，承载着丰富社会与文化意义的"地方性"（Place，又作"地方"）被推至学术前沿，这一由个人与社会群体多样化空间实践所构成的"学术意向"（朱竑，2010）成为地理学的研究热点，理性的"空间"在越来越多的研究中被充满日常生活及实践经验的"地方"所替代。"地方认同"的概念即在此基础上发展而来——人们通过日常的"定居"（Habitation）、自我的"惯习"（Habitus）将不断重复的空间行为与体验进行自我内化，构建起对自身存在的理解，同时，这种身份感与认同感又反过来成为"地方"构成的一部分。"地方认同"所描述的是对地方不断进行想象与再想象的多样性、动态性过程，作为一种地方社会的建构方式，强调其内容的主观性和变化性[12]。研究主要倚重人本主义的哲学主张，在地方发展的价值观念上由于对"地方性"的重视而与现代化建设、快速城镇化发展形成了一定程度的对立[11]。

1.2 城镇化过程中的空间重构困境

在当前我国快速城镇化的推进过程中，受招商引资、决策者眼界、设计水平等因素影响，加上公众参与的缺乏或力度不足，城市与乡村正经历着一场极其复杂的空间重构过程。与此同时，全球化下象征经济的发展促使文化作为一种资本参与到空间的生产中,形塑着一个地方的文化。"快餐式"的开发模式带来了城乡经济与社会环境的巨变,具有地方特色、承载传统习俗及"地方记忆"的空间逐渐被推倒被替代,同时,因地价、物价和生活生产方式的改变,原住居民也相继撤离;新区和新农村、特色小镇和历史文化街区都难免于"千城一面""似曾相识",地方的文化正面临消亡的命运。

空间的巨变和人口的流动使得地方的社会与文化脉络不断受到来自外部力量的干扰,于是基于"定居""惯习"的"地方性"瓦解了,快速城镇化的发展现状使得以"地方"为基础构建的"地方认同"的价值判断及理论框架均难以适用于相应地区的文化问题研究,加之全球化和现代化语境中越来越多的结构性外部力量不断干预,这一次"地方"不得不反过来"让位"于"空间",以探索人本主义哲学主张以外的其他空间观念,继而进行研究框架的建构。

因此,本文在城镇化空间重构的背景下对"认同"进行探讨,立足于文化问题,引入国内人文社会学科"文化认同"的概念,尝试构建相关研究的空间维度,用当前主流的结构主义观点论述空间中文化研究的内涵及必要性;从地理学的空间研究出发,借鉴相关"认同"研究以总结"文化认同"的研究层次和研究视角,并展望实践中的研究议题(见图1)。

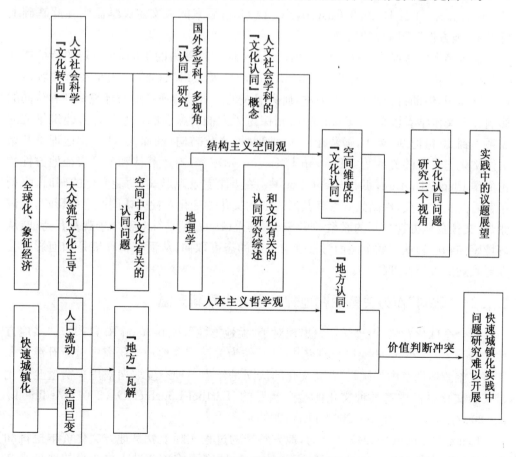

图1 "文化认同"空间维度研究的建构逻辑

相信本文的讨论将有助于空间中文化及认同理论研究的多视角构建，有利于对城市文化问题的多角度探讨与研究，有助于加强在当前的快速城镇化过程中对文化问题的进一步关注，有助于在城乡开发的决策制定、规划设计、落实及监管过程中进一步加强文化的保护与建设。

2　与文化相关的认同研究进展

2.1　国外研究

2.1.1　国外对空间中认同问题的关注，最早出现在地理学有关社区的研究中

"认同"（Identity）是作为人群对地方的态度取向的衡量（Shevky E. & Bell W.，1949；William，1955；Scott A，1999），其中就包括了对景观背后所代表的文化的认同（Duncan J. S.，Ley D，1993；Cosgrove D.，1998）；后来的人文主义学派则在此基础上发展了"地方性"（Place）的概念。

案例多集中考察地方景观对于居民认同及地方凝聚力的影响，而景观的特征体现其背后的文化内涵。Shevky 和 William（1949）[13] 及 Bell（1955）[14] 最早在有关城市社区的研究中，借助行为地理学的方法，研究居民的经济社会属性对其环境感知和认同的影响。人文派学者段义孚（Tuan Yifu）则探讨了人们对家乡的依恋与地方建筑景观的关系。到 20 世纪 90 年代，随着社会学、地理学"文化转向"的深入，新文化地理学开始关注文化与景观的关系[15]。Duncan 与 Ley（1993）[16] 在有关载体和景观表征地方性的论文集 Place，Culture，Representation 中，关注住宅景观形式、功能变化的同时，强调了背后的文化含义，借助景观考察其所表征的文化的变化对社区认同产生的影响，探讨景观、文化及地方性之间的联系[17]。Scott 等人（1999）则是针对某个景观及其特征，从环境感知和心理认同两个层面考察受访对象的态度取向，从而分析环境是如何影响公众对景观的接受程度的[18]。

2.1.2　"认同"作为关键词在地理学研究中重新升温

结合全球化背景，地理学开始出现对于"无地方性"（Robertson R.，1992）、"多地方性"（Oakes T.，2006）的探讨与研究，"认同"作为关键词在地理学研究中重新升温。尤其是在旅游地理学中，"认同"尤其文化的认同是作为一种态度取向被用来衡量全球化带来的文化碰撞中对某种文化的接受状况的（Barthel-Bouchier D.，2001；Medina L. K.，2003；Liang & Zhang，2004；Urry，2009）。

Liang & Zhang（2004）[19] 认为，地方营销的过程实际上就是地方文化资本挖掘和文化符号生产的过程。Barthel-Bouchier（2001）研究了旅游者进入旅游目的地带来文化认同协商与构建的过程[20]，认为旅游者以外来的社会、文化特征和消费、审美期望进

入旅游目的地,与目的地本地居民互动,造成的影响既体现在物质的景观上,也体现在目的地居民的心理认知上,使其文化认同发生转向,并称之为"文化再现"(Representations)的现象。Medina(2003)在伯利兹苏克兹村开展研究时发现,当旅游发展促使旅游者对玛雅文化感兴趣并产生消费需求时,原本接受程度较低的土著文化开始得到重视,"玛雅"标签被赋予了积极的意义,进而推动了当地居民对玛雅土著文化的重新审视与再认同[21]。针对这种"文化再现",Urry通过一系列研究[22]构建了旅游者凝视(Tourist Gaze)理论,用以考察后发型旅游地的文化景观在旅游发展过程中(尤其是初期)受到市场等外部因素的影响,进而丧失东道主文化权力的现象。

2.1.3 新经济地理学在对"文化转向"的响应中也涉及了和认同有关的问题

20 世纪 80 年代对各学科影响深刻的"文化转向"被认为是导致新经济地理学诞生的因素之一[23]。新经济地理学强调从历史和文化的角度把握世界、国家和区域的时空变化,强调在社会文化与政治经济相互作用的动态过程中来认识一个具体区域的基本特征,更准确、全面地认识地方多样性和地理差异,进而希望用地方性文化来抗衡市场经济和全球化的负面影响。Morgan(1997)[24]通过研究工业企业对地方自发性协会的镶嵌,发现通过与厂商间的协调,可以合作建立"地方伙伴主义"(Local associationalism),导致区域性"认同"、制度性合作的机制以及"知识+生产"的协力网络的产生。"认同"在这里被理解为一种态度,用来描述地方企业、组织在同全球化抗衡时的接纳状态,并与背后的地方文化、制度密切相关。

2.2 国内研究

2.2.1 国内学术界对与文化相关的"认同"研究首先出现在人文社会学科中

在政治学的国际关系研究领域,文化认同是族群认同和国家认同的中介形式,是后二者重叠程度的测度(韩震,2013)[2]。社会学的认同研究主要集中在与现代性的归属感、文化身份相关的问题上[25],传播学中的"认同"作为舆论传播的正面效应,用来考察语言、仪式、影视作品等文化符号的全球化、跨地域传播过程(邵培仁等,2010;张平功,2013;陈青文,2013)[26-28]。工商管理学中,认同是消费支付的必要条件,通过对比本土品牌及外来品牌的消费占比来度量品牌跨文化营销的成败(郑莹,2013)[29]。

2.2.2 涉及空间的问题时依旧以地理学的空间研究为主

对"认同"的研究目前主要集中在人文地理学研究领域,包括:居民对社区文化景观的感知与认同(王爱平等,2006),旅游目的地外来游客的"文化再现"对地方认同的影响(刘博等,2012;路幸福等,2014),不同尺度下的地方感知与身份认同(朱竑等,2012;谢晓如等,2014),景观表征的文化权力(周尚意等,2010)等问题。

王爱平等(2006)[30]针对北京崇文区天坛街道的金鱼池小区开展的调查,从环境感知(造型、颜色、体积、位置等)和心理认同(功能、意义和情感等的认同)考察了居民对社区地标的接受程度,通过相关性分析发现,由于年龄、性别、职业、受教育程度、居住时间的差异,不同居民对小区地标的环境感知和认同有所差异。

路幸福、陆林(2014)[31]针对泸沽湖地区的文化认同与"文化再现"现象进行了考察,发现旅游开发及游客的进入唤起了当地居民对文化的再认识,传统日常活动与外来文化形式(如歌舞表演)均得到了较高程度的认同,使得纳日人、普米族人和汉族人与泸沽湖对岸的蒙古族人主动构建了一种以"摩梭"命名的"新民族文化"。刘博、朱竑等(2012)[32]考察了广州迎春花市对地方认同的构建,发现节庆活动在情感、认知和意向三个层面都对地方认同产生了促进作用,增强了市民的地方认同感。

谢晓如、封丹、朱竑(2014)[33]针对"微空间"中的感知与认同,把外来的城市书店这一文化表征,同消费者具体的、日常性的行为相联系,认为其空间环境及话语的掌握促成了其文化的融入与被接纳。朱竑、钱俊希、吕旭萍(2012)[34]以广州艺术村"小洲村"为研究对象,研究城市空间演变背景下,本地村民与艺术家两类具有不同文化倾向的社会群体基于地方的身份认同问题,探讨艺术家与村民之间在认同上的冲突、断裂及融合现象。

周尚意、吴莉萍、苑伟超(2010)[35]以北京前门至大栅栏商业区景观改造为例,通过对街区改造中景观变迁的考察,讲述了背后所表征的文化权力的关系,发现改造后的景观并非源于本地的社区精神与叙述,因此没能获得居民社区认同感。

2.3 研究评述

国内学术界对"认同"的讨论更多地集中于社会学、政治学领域,在涉及有关"空间"的研究时主要以人文地理学为主,且文化是作为认同的相关影响因素而出现的。与此同时,国外地理学对"认同"的探讨也更加广泛,而国内则是在文化地理学及旅游地理学中进行讨论。其中,与城镇化地区相关的"认同"研究主要集中在文化地理学领域(见表1)。

表1 国内各学科对文化相关的认同问题的探讨

学科	社会学	政治学	文化地理学	旅游地理学
关键词	集体认同;身份认同	民族认同;国家认同	感知与认同;文化表征	文化再现;文化的认同
"认同"研究问题	移居者跨文化的身份认同	全球化下国家、民族的身份认同	景观认同形成的过程及背后原因	旅游开发对地方认同的影响
与文化相关的研究内涵	文化是认同形成时的重要影响因素	文化是国家认同与民族认同的中介因素	景观、空间均为其背后文化的表征	文化是影响消费、审美的主要因素

这一现象,同具体的国情和经济发展水平密切相关。伴随20世纪的"文化转向",西方在人文社会研究中还出现了"空间转向"[36],社会学、人类学、政治学等在进行"认同"(Identity)的讨论时更加重视地理学的空间研究视角。而西方地理学在经历了实证主义、结构主义、人文主义、女性主义、后现代与后结构主义等思潮后,也更加重视对全

球化、现代性、"地方性"（Place）、文化空间、性别结构、城市发展等多元化议题的广泛探讨，"文化"成为地理学研究的重要组成。

然而，中华人民共和国成立初期主要以经济建设为首要任务，学术研究倾向于方法技术的引进，并形成了"工具理性"的价值取向；到改革开放时期受西方计量革命的影响，方法和技术手段更是以实证研究为主。尽管受全球化深入及西方"文化转向"影响，社会学、政治学及经济学开始引入对文化及文化身份的探讨，但与"空间"有关的研究任务依旧落在地理学身上，并集中于文化地理学、旅游地理学领域，除引入"地方性"（Place）的讨论以外，主要借助结构性的认识来解释地方景观认同形成的背后原因，以及旅游开发中外来文化和本土文化对认同的影响，对西方后来的多元化文化观、空间观思想吸收与引进尚不深入。这使得在当前快速城镇化及大规模空间重构的背景下，面对更加复杂的空间变迁与社会问题，尤其是面对文化认同问题时，现有理论和认识难以满足在政策制定和规划实践中现实问题研究的需求。

3 文化认同研究的空间维度构建

3.1 "文化认同"研究的内涵演绎

3.1.1 人文社会学科中"文化认同"的哲学解释

在哲学意义上，认同首先是建立在人的自我理解和相互理解基础上，而人的理解能力是以人的自我意识为前提的，认同与主体性和主体间性密切相关[2]。古希腊哲学家柏拉图以及近代哲学家康德，都将这种人与人的认同直接建立在先验的理性基础之上，认为人具有理性和反思能力，在不同时间、不同地点把自己视为自己本身[37]。因此，"认同"在承认实践理性的哲学流派中是客观存在的。

随着全球化和现代化的发展，实践理性在存在方式上出现了前所未有的转变。查尔斯·泰勒（Charles Taylor）和安东尼·吉登斯（Anthony Giddens）把认同问题的突出归结于以社会大生产为标志的现代社会[38]：传统社会原有结构和运行机制的改变，使人们的生活和交往方式都发生了变化；随全球性生产布局而来的文化扩张、后殖民主义和文化霸权，进一步导致了在不同文化的碰撞中个体同集体对身份认知产生错位，"文化认同"便成了认同问题的核心[39]，并由此产生了跨越文化的认同讨论。

3.1.2 空间中"文化"研究的意义

尽管西方多元化的思潮在国内当前的学术思想中未能体现出充分的兼收并蓄，但事实上，现行的结构主义哲学观点本身就蕴含着文化作为空间研究重点的必然逻辑。

历史上，马克思并未就"文化"进行专门阐述，但文化作为意识形态的一种形式[40]，依旧由具体生活生产方式来决定[41]。空间中的文化景观既是文化活动的实践对象，同时也是实践结果。在马克思时代，唯物辩证法是二维的——社会与历史[42]。空间是历史变迁下社会的物质载体,使得文化也仅能随生活生产方式在时间累积下产生变化。如今,全球化克服了跨地域交流的时间限制,推动跨文化的传播迅速蔓延,致使物质空间及其文化景观也发生着巨变。

福柯曾承认,空间和时间的观念在西方思想史中的发展是极不平衡的[43],对空间的逐渐重视促使了"空间转向"的产生。新马克思主义的空间理论在对空间的认识上首开先河,由列斐伏尔提出了"时间—空间—社会"的三元辩证体系,认为空间参与着社会的再生产。认识上的转变,使得空间不再是随社会和时间的改变而被动地发生变化,而是空间本身为了再生产而变化。

由此一来,文化不再仅仅是生活生产方式在社会维度的映现,它也是社会空间本身的属性。在如今全球化的语境下,跨文化交流并非只是借助新的生产技术、通信和运输手段克服了文化的空间隔离,而是空间在参与全球性的生产布局时文化对其做出的响应。因此,对于城镇化中的空间重构及景观改变来说,其本身即资本驱动下文化发生变化的表征;对"文化"的研究成为"空间"研究的重要内容,这是在意识形态层面对空间生产活动的进一步研究。

3.1.3 "文化认同"空间维度的内涵

综合来看,现代哲学家和人文社会研究倾向于将"认同"与实践理性和文化活动联系起来考察[37],在全球化和现代化发展的语境下,文化认同成为认同研究的核心。受"文化转向"影响,国外对文化问题的讨论呈现为多种学科同地理学空间研究的相互交织,但西方多元化思潮对我国各学科渗透有限,使得除以"地方认同"为基础的研究对空间和文化进行了综合讨论之外,其他针对"认同"的研究分别形成了在社会学、政治学中的"文化认同"研究,及在文化地理学、旅游地理学中的"认同"的空间研究;空间、文化在上述学科中仅作为影响因素而受到考察,多视角、多议题的跨学科探讨还有待继续深化。

实际上,在面临城镇化复杂的空间重构时,"认同"的空间研究需要覆盖更多元的空间类型(不仅仅是对景观变化、旅游开发进行解释),研究内容亟待同其他人文社会学科接轨。而在"地方认同"所依托的人本主义哲学观以外,主流的结构主义空间观里也包含着空间中"文化"研究的必然性。因此,"文化认同"在空间维度的探讨,是与西方学术研究中丰富的空间观进行结合,是对其他学科围绕文化开展广泛讨论的借鉴,是对空间问题的深层次的剖析。

3.2 "文化认同"的研究视角

尽管不同哲学主张由于本体论上的不同对空间与文化本质形成了不同的认识,并由此导致了研究中的价值判断差异,但在面对人类实践理性所对应的客观现象时,不同的思想流派却提供了丰富的研究视角。地理学研究在解释区域和地方时,不同的学派具有独立存在的意义[44],它们分别在不同的层次上(如:内生动因与外生动因)对空间现象进行阐述和研究。

从现有研究案例来看,"认同"研究中对文化的考察分别有着不同的切入点与研究逻辑,它们所体现的文化认同有着不同的内涵,对应着文化认同的不同层面。综合起来可划分为以下三种视角(见表2)。

表2 文化认同问题的不同研究视角

空间研究视角	研究案例	研究逻辑与目的	具体研究手段	文化认同的内涵	尺度	国内外其他研究案例
人文派视角	《城市空间变迁背景下的地方感知与身份认同研究——以广州小洲村为例》	建立在考察个体"感知"的基础上,藉由文化认同构成的"地方性"(Place)来描述村庄的空间变迁	意象地图、半结构式访谈;辅以问卷等	文化认同作为空间变迁诉诸个体情感、内历[45]后的结果	地方尺度	段义孚等
结构派视角	《景观表征权力与地方文化演替的关系——以北京前门—大栅栏商业区景观改造为例》	建立在文献引用的基础上,文化认同作为居民需求的表达来描述空间变迁的权利斗争过程	文献资料、新闻报道、舆论社评	文化认同作为空间权力博弈中一方利益的诉求	街区	Duncan&Ley(1993)[16];Watts[5];Morgan(1997)[24];Liang & Zhang(2004)[19];Barthel-Bouchier(2001)[20];Medina(2003)[21];Urry[22]
	《对文化微空间的感知与认同研究——以广州太古汇方所文化书店为例》	建立在对受访对象态度的考察上,文化认同作为消费者态度的"风向标"来考察特定空间(书店)所表征的外来文化在本土被接纳的状况	访谈、网络文本		微空间(书店)	
	《基于旅游者凝视的后发型旅游地文化认同与文化再现》	建立在对受访对象态度的考察上,以文化认同来评价原住民的态度取向,考察景观变迁中"旅游者凝视"现象对旅游地社会空间进行重构的状况	问卷、访谈		旅游景区	
实证派视角	《关于社区地标景观感知和认同的研究》	建立在对选择意向预先定义、分类的基础上,以文化认同来衡量特定群体内部对文化景观的态度取向及分异状况	调查问卷、SPSS分析	文化认同及受影响因素作为研究对象,进行定义、度量与实证分析	居民区	Shevky&William(1949)[13];Bell(1955)[14];Scott(1999)[18];刘博、朱竑等(2012)[32]

在这个基础上进行"文化认同"研究逻辑与视角的借鉴,可以引申为以下三种研究视角。

3.2.1 人文派视角

人文派视角立足于"文化认同"的功能层面——作为认可的态度,关注其形成和产生。

在研究中,其特点是本着人类的经验、意识和知识去分析不同主题,研究立足于"我向"的思维,从人的视角出发来进行考察;研究的方法建立在主体的"诉诸情感"和"感悟性"上[45],并强调人的能动性及对空间结构的改变。因此,在人文派的视角下,"文化认同"的研究逻辑主要是从对个体"感知"的考察出发,以空间行为和体验内化后的结果为内涵,来描述地方社会与文化的变迁现象;常用研究手段包括用以质性分析的访谈及意向地图。

3.2.2 结构派视角

结构派视角则聚焦于"文化认同"的意义层面,关注它在结构性体系中所代表的价值和取向意义。

在新马克思主义学派研究中,卡斯特尔(Manuel Castells)、大卫·哈维(David Harvey)分别从政策制度与空间生产、城市发展与资本循环的角度,对城市空间、人类社会活动及生产方式的关系进行探讨。研究过程中注重强调事物内部结构、相互关系。因此,在结构派的视角下,"文化认同"主要关心的是空间重构中的权利关系,通过对受访对象整体态度的归纳,建立起群体的文化价值取向作为"文化认同"的内涵,来考察空间变迁中文化权力的博弈过程;常用研究手段为访谈及文本分析。

3.2.3 实证派视角

实证派视角主要关注功能层面,考察其形成和相关影响因素。

20 世纪以来,尤其是计量革命的兴起,使得借助数据模型的空间分析成为各学科研究的普遍手段,方法论体现为在对客观事物进行预先定义、分类的基础上,提出假设并进行实证研究来加以检验、修正,以得出解释性结论。因此,在实证派的视角下,"文化认同"研究倾向于以群体为研究对象,对态度及可能相关影响因素进行分类、概括,借助实证调研,通过相关性分析进行校验,最终得以描述不同类型主体文化认同的分异状况(如:不同年龄、性别、职业、教育水平的居民对文化景观的感知和认同结果存在差异),来归纳解释"文化认同"形成的根源及影响因素;研究手段以问卷调查和数理分析为主。

4 实践中文化认同研究议题展望

4.1 "现代性"转向中地方身份的传承——空间重构的以人为本原则

随着改革开放后经济的持续增长,在物质生活水平提高的同时,人民对文化、对现代化治理的需求也在增加。受我国当前的经济水平及发展阶段的影响,城镇化的过程同现代化过程发生重叠;而"现代性"作为未来开放型社会的普遍特征,看似与城市中即将进行更新改造的老旧街区格格不入。事实上,当以理性化和无差别为特征的"现代性"作用于我们的社会生产与生活时,对社会组织、文化、空间、价值观念都会产生影响,开发政策和规划设计在制定过程中需要考虑的是如何引导村落社会、单元制的内闭型熟人社会向开放、自由、多元化的公民社会转变,如何引导城乡空间向符合设计标准与规范的优质空间转变,如何引导居民意识形态向现代化的社会组织形式、政治法律观念、公民权利意识等方面转变,这些与地方文化的传承是相互交织又有所差别的,对待文化问题时,应该尊重优秀传统文化与道德观念在社区精神及公共文化景观中的体现,尊重其所依托的主体——人的行为和情感体验,人文派研究的切入视角正同这一问题层面相契合。

因此,对于当前城镇化的空间重构,站在个体感知角度对"文化认同"展开研究和探讨,是本着现代化建设中以人为本的原则,有助于在城镇化空间重构中对地方文化的传承进行考察和把握;站在本地居民的人本立场上,有利于更好地开展传统文化的保护和建设,有利于当前我国城镇化的科学的和可持续的发展。

4.2 景观所表征文化的权力关系博弈——空间重构的政治经济学解释

对于城市文化,早期的结构主义思潮视之为无主体的类似语言文本的结构来加以解读[46],即文化作为一个文本,不但不依赖于人,相反却支配人的生活;但大卫·哈维(David Harvey)认为,资本的积累是空间、时间与人的社会活动共同作用的结果。不同社会阶层给空间的分割与支配带来了城市空间的地域性与排他性[47],一个地方居民认同的一套文化表征体现着该地方的文化[35]。因此,考察城镇化空间重构中相应的居民文化认同情况,是对不同阶层文化取向的进一步探究,在不同阶层、本地人与外来者、本地人与游客之间平衡文化表达的权利关系,将有助于在现有城市开发的规划实践(如存量规划)中,强调景观和空间文化价值的正义性,提高规划及行政的现代化治理水平。

4.3 大数据下空间活跃程度——行为研究的新技术应用

行为研究以环境印象为基础,研究包括人的内在生理和心理变化的外在反应,通过对空间中行为过程的归纳得出普遍的结论,借助推理和实证研究来解释人与环境相互关系的空间模式[46]。近年来,由于技术上的创新,基于大数据的分析被越来越多地运用到行为学分析当中。ICT(Information Communications Technology,信息与通信技术)的发展为研究人的时空行为带来了新的研究方法[48],使大规模采集个体时空活动的数据成为可能。在城镇化的空间重构中,大数据的分析手段将能够获得更为全面的时空活动信息,借助数学模型的搭建,对于规划中空间优化、业态扶持、品牌策略的研究和政策制定,都将提供更多的参考价值。

5 结语

本文主要构建了文化认同问题的空间维度，论述了在结构主义空间生产价值语境中的空间观念基础，及开展空间文化研究的必要性，提出在空间维度进行文化认同研究的内涵和意义；从地理学空间研究出发，依据"认同"研究中不同流派的研究逻辑，归纳出人文派、结构派、实证派三种研究视角及对应的研究层面，并展望实践中的现实议题。然而，对于空间研究中的文化认同问题来说，在具体对应认同主体及对象、认同形成机制、研究尺度方面还有待继续探讨与总结，更系统的空间维度"文化认同"理论框架还有待进一步建立。

参考文献

［1］冯天瑜. 中华文化辞典［M］. 武汉：武汉大学出版社，2001.

［2］韩震. 全球化时代的文化认同与国家认同［M］. 北京：北京师范大学出版社，2013.

［3］吴成萍. 全球化背景下文化认同问题研究［D］. 长沙：湖南大学，2014.

［4］Pred A，Watts M. Reworking Modernity［M］. New Brunswick：Rutgers University Press，1992.

［5］SharonZukin. 城市文化［M］. 上海：上海教育出版社，2006.

［6］唐晓峰. 文化转向与地理学［J］. 读书，2005(6)：72 - 79.

［7］S. N. 艾森斯坦特，谈谷铮. 社会学流派［J］. 国外社会科学文摘，1981(10)：10 - 14.

［8］邓周魁. 批判理论框架下的大学英语学习者身份/认同变化的个案研究［D］. 济南：山东农业大学，2010.

［9］赵剑英，干春松. 现代性与近代以来中国人的文化认同危机及重构［J］. 学术月刊，2005(1)：9 - 16.

［10］吴玉军. 现代性语境下的认同问题［M］. 北京：中国社会科学出版社，2012.

［11］朱竑，钱俊希，陈晓亮. 地方与认同：欧美人文地理学对地方的再认识［J］. 人文地理，2010(6)：1 - 6.

［12］朱竑，刘博. 地方感、地方依恋与地方认同等概念的辨析及研究启示［J］. 华南师范大学学报（自然科学版），2011(1)：1 - 8.

［13］Shevky E.，William M. Community's Areain LA［M］. LA：Press of University of Califonia，1949.

［14］Shevky E，Bell W. Social Area Analysis［M］. Standford：Press of University of Standford，1955.

［15］周尚意. 英美文化研究与新文化地理学［J］. 地理学报，2004，59(s1)：162 - 166.

［16］Duncan J. S.，Ley D. Place，Culture，Representation［M］. London：Routledge，1993.

［17］Cosgrove D. Social Formation and Symbolic Landscape［M］. London：CroomHelm（2ndedn：Madison，WI：UniversityofWisconsinPress），1984(1998).

［18］Scott A. Public Perception of Landscape in Denbighshire. Results of household survey and focus group. Welsh Institute of Rural Studies，University of Wales，Aberystwyth，Draft Report，August，1999.

[19] Liang Bingkun, Zhang Changyi. Cultural economy and cultural representation of place in geography. Journal of Geographical Science(Taiwan),2004,35：81－99.[梁炳琨,张长义.地理学的文化经济与地方再现.(台湾)地理学报,2004,35:81－99.]

[20] Barthel-Bouchier D. Authenticity and Identity Theme-parking the Amanas[J]. International Sociology, 2001,16(2)：221－239.

[21] Medina L. K. Commoditizing culture：Tourism and Maya Identity[J]. Annals of Tourism Research，2003,30(2)：353－368.

[22] 厄里.游客凝视[M].南宁:广西师范大学出版社,2009.

[23] 李小建,苗长虹.西方经济地理学新进展及其启示[J].地理学报,2004,59(z1):153－161.

[24] Morgan K. The learning region：Institutions, innovation and regional renewal[J]. Regional Studies, 1997,31(5)：491－503.

[25] 吴玉军. 现代性语境下的认同问题[M].北京:中国社会科学出版社,2012.

[26] 邵培仁,范红霞.传播仪式与中国文化认同的重塑[J].当代传播(汉文版),2010(3):15－18.

[27] 张平功.文化是寻常的——略论雷蒙德·威廉斯的文化社会学[J].学术研究,2013(4):21－24.

[28] 张国良,陈青文,姚君喜.沟通与和谐:汉语全球传播的渠道与策略研究[J].现代传播-中国传媒大学学报,2011,35(7):51－55.

[29] 郑莹.基于全球性感知和本土性感知的中国本土品牌偏好:消费者认同的影响作用[D].上海:华东师范大学,2013.

[30] 王爱平,周尚意,张姝玥,等.关于社区地标景观感知和认同的研究[J].人文地理,2007,21(6):124－128.

[31] 路幸福,陆林.基于旅游者凝视的后发型旅游地文化认同与文化再现[J].人文地理,2014(6):117－124.

[32] 刘博,朱竑,袁振杰.传统节庆在地方认同建构中的意义——以广州"迎春花市"为例[J].地理研究,2012,31(12):2197－2208.

[33] 谢晓如,封丹,朱竑.对文化微空间的感知与认同研究——以广州太古汇方所文化书店为例[J].地理学报,2014,69(02):184－198.

[34] 朱竑,钱俊希,吕旭萍.城市空间变迁背景下的地方感知与身份认同研究——以广州小洲村为例[J].地理科学,2012,32(01):18－32.

[35] 周尚意,吴莉萍,苑伟超.景观表征权力与地方文化演替的关系——以北京前门—大栅栏商业区景观改造为例[J].人文地理,2010(05):1－5.

[36] 唐晓峰.文化转向与地理学[J].读书,2005(6):72－79.

[37] John Locke. Of Identity and Diversity[C] John Perryed. Personal Identity. Berkeley：University of California Press, 1975.

[38] (加)泰勒.自我的根源:现代认同的形成[M].上海:译林出版社,2008.

[39] 崔新建.文化认同及其根源[J].北京师范大学学报(社会科学版),2004(4):102－104.

[40] 孙代尧,何海根.马克思恩格斯的文化观及其当代价值[J].理论学刊,2011(7):16－21.

[41] 薛毅.西方都市文化研究读本[M].南宁:广西师范大学出版社,2008.

[42] 李春敏.列斐伏尔的空间生产理论探析[J].人文杂志,2011(1):62－68.

[43] 包亚明.后大都市与文化研究[M].上海:上海教育出版社,2005.

[44] 周尚意,杨鸿雁,孔翔.地方性形成机制的结构主义与人文主义分析——以798和M50两个艺术区在城市地方性塑造中的作用为例[J].地理研究,2011,30(9):1566－1576.

[45] 周尚意. 人文地理学野外方法[M]. 北京:高等教育出版社,2010.

[46] 顾朝林. 人文地理学流派[M]. 北京:高等教育出版社,2008:80,64.

[47] 刘杰武. 地理学的马克思主义思考——读大卫·哈维《社会正义与城市》有感[J]. 合肥学院学报(社会科学版),2013,30(5):98-101.

[48] 甄峰. 基于大数据的城市研究与规划方法创新[M]. 北京:中国建筑工业出版社,2015.

"中产化的中国实践"学术沙龙会议综述 *

周　扬　朱喜钢**

ZHOU Yang　ZHU Xigang

2016 年 11 月 17 日，"中产化的中国实践"学术沙龙在南京大学顺利召开（见图 1）。本次会议由南京大学城市规划设计研究院、南京大学建筑与城市规划学院、南京大学中法城市·区域·规划科学研究中心主办。来自南京大学建筑与城市规划学院、地理与海洋科学学院、社会学院、法学院，中国科学院南京地理与湖泊研究所，东南大学建筑学院，南京邮电大学等单位的专家就中产化这一主题进行了广泛深入的讨论。中国城市地理专业委员会副主任、中国区域科学协会常务理事、中国城市规划学会终身成就奖获得者崔功豪教授，南京大学建筑与城市规划学院朱喜钢教授、王红扬教授、翟国方教授、黄春晓副教授，南京大学社会学院胡小武副教授，南京大学地理与海洋科学学院张捷教授，南京大学法学院金俭教授，中科院可持续发展研究中心副主任、区域发展与规划研究中心陈雯主任，东南大学建筑学院王兴平教授及其他青年教师、规划师代表出席了此次盛会。会议实时向南京大学城市规划设计研究院的北京分院、上海分院、深圳分院进行了传送。

图 1　中产化的中国实践学术沙龙现场

---

　*　本文根据 2016 年 11 月 17 日在南京大学举行的"中产化的中国实践"学术沙龙会议发言整理而成。

　**　作者单位：南京大学建筑与城市规划学院，江苏南京，210093。

本次学术沙龙的主题为中产化(绅士化)的中国实践,由南京大学建筑与城市规划学院教授、南京大学城市规划设计研究院总规划师、院技术委员会主任朱喜钢教授主持。

首先,朱喜钢教授做了以《中产化的中国实践》为题的报告。朱教授认为,中产化(Gentrification)是发达国家后郊区化阶段流行的全球化语境,中产化概念实现了从狭义到广义的推进,中产化也逐渐从负面走向正面的语境转变,其基本内容可以概括为"穷出富进(人群)""低出高进(产业)";从社会整体效应来看,中产化为城市历史文化的保护与传承提供了自下而

图2 南京大学建筑与城市规划学院朱喜钢教授报告

上的民间机制、促进了活力空间的再造与整体业态的发展、引领了社会的转型与创新,为城乡文明的重构提供了功能性与样板性价值取向。中国的中产化正在崛起,并出现了有别于西方的大都市示范、规划引领以及"快餐"式"植入"等中国特征。由"政府+市场、存量+增量、优区位+封闭社区"构成了中产化实践范式。其中产化研究的突破点在于:① 重新定义 Gentrification 为"中产化",减少歧义并统一学术研究;② 研究视角上,从个体的微观视角转向社会整体的宏观视角,从单个城市样本转向整体判断与系统总结;③ 研究方法上,从地理类现象描述转向社会实践性思考。

随后,朱教授梳理了此次研讨会针对《中产化的中国实践与启示》相关文章讨论的六个重要议题:

① 如何对中产化作出价值判断?

② 如何看待中产化在城镇化过程中的提前出现?

③ 如何评价具有中国特色的规划中产化(组织中产化)?

④ 如何规避中产化过程中的负效益?

⑤ 中产化能否成为政府的一种发展战略或空间治理手段?

⑥ 如何多学科、多视角、多语境共同找寻中产化研究的突破点?

图3 南京大学建筑与城市规划学院崔功豪教授

在专家自由发言阶段,首先由崔功豪教授谈了他对中产化的认识过程。他最早接触到这个词是在1985年与美国学者讨论城市化问题时提到的,当时学者的共识是:中产化是城镇化过程中再城市化阶段的一种表现形式;是城市中心改造的过程,政府出于经济困境与中心区复兴的责任而鼓励这种由中青年知识分子采取的复兴模式;将中产化与家庭生命周期的过程相结合来认识。当时中产化并不是普遍现象,只在发达国家的少数城市出现,由于中产化过程中穷人从城市中心走了出来,种族矛盾开始出现,结果表现为两个方面的问题:其一,再城市化阶段过程中,中产

化应如何协调种族矛盾、贫富关系;其二,中产化不仅仅是城市问题,也不仅仅是空间问题,而是社会问题,大量涉及人口与阶层、人口的迁移、阶层的置换等问题。国际权威刊物 Urban Studies 在 2003 年、2008 年曾用两个专刊来讨论 Getrification,说明了这个问题在西方受关注的程度。

在谈到中国中产化概念如何界定时,崔教授举出了当年界定中国郊区化内涵的例子。西方的郊区化是伴随着中心的衰落,而中国城市化打破了世界规律,中国城市在郊区化的同时其中心化却更繁荣,因此当下出现的对于中国中产化的界定应放在中国特色的语境中认识。最后,崔教授也提出了几个需要关注的问题:在狭义向广义泛化的过程中,城市的更新、乡村的复兴、棚户区改造是否一定会出现中产化? 在组织向自组织的转变中,中国是否存在自组织中产化? 中产化是什么阶段发展的产物? 他认为,需要进一步研究标准与特定的含义去界定中国中产化。但无论如何,崔教授强调中产化应当是中国城镇化发展的一个必要阶段,应当将其看成是提升城镇化质量和水平的重要驱动力。绅士化→中产阶层化→中产化术语(语境)的演进,本身是将国外理论与中国化、地域化成功嫁接的一个例子,中产化术语有助于发挥中产化的正面积极效应并成为指导和引领城市发展的重要策略。

图4　南京大学社会学院副教授胡小武

胡小武副教授从社会学角度理解中产化,提出以下四点:① 中产化的空间变迁与国外 Getrification 不同,我国的规划是政府主导,因此中产化更偏向于城市治理、城市经营,是通过城市治理范式引导空间的转型,这与西方因为人口变迁、内城衰落推动的路径不同。② 在中国,存在中产化与城市更新概念的混淆。城市更新是旧出新进,与人没有对应关系,部分现象可能是中产化,如在江心洲回迁案例中,随着农民资产收入(租金收入)的翻倍,回迁农民成为中产阶级,与西方不同的是,中国中产化是大城市的红利赋予他们的一种激进式的中产化,是特殊时间维度的表现。③ 在中国,政治学还没有形成中产化术语,中产化的公开提出是一种很好的策略。④ 虽然目前尚未提出将中产化作为一种国家战略,但中产化实践已经开始,在学术研究中提出并研究中产化就能显示学术价值与正面意义。

南京大学国土资源与旅游学系主任张捷教授从旅游的角度思考中产化,认为以国内旅游街区为代表的中产化,是一种经营者替代原住居民的飞地中产化;中产化是多种社会经济因素共同作用的结果;从中产化角度来看旅游黄金周高速公路的免费一事,这是否是由于拥有汽车的中产阶层呼吁的结果? 因此,

图5　南京大学地理与海洋科学学院张捷教授

亦需要研究社会的公共话语和公共决策所带来的中产化。

江苏省苏科创新战略研究院院长、中科院南京地理与湖泊研究所陈雯教授认为,中产化是一个空间变迁的概念,而不只是人群的概念,需要形成规范的研究体系展开定量研究。从当前低收入阶层被高收入阶层替代的概念来看,涵盖了大部分的城市空间衍变现象而使得研究对象比较宽泛;谈到动力机制方面,她提出,中产化与城市更新的动力机制是否相同?是否存在具体的微观机制?如房地产热衷推动的城市更新,是一种过度的更新现象,是否也存在过度的中产化现象?可以研究界定出过度的中产化并对其进行治理与引导。最后她提出,中产化的效益评估,是

图6　中科院南京地理与湖泊研究所陈雯教授

作为社会正义的社会问题,还是城市发展的问题? 这些问题在当下十分有意义,希望有更多的学科去研究。

图7　东南大学建筑学院王兴平教授

东南大学建筑学院王兴平教授认为,在中国特色的制度下,就是通过共同的中产实现共同富裕,进而实现"中产梦",而"中产梦"就是"中国梦"的一部分。在我国的特殊语境下,是扩大中产做增量,而不仅仅是空间与人群的演替。从全球产业分工来看,中国处于产业中产化阶段,因此需要通过新型工业化、新型分配方式实现中产化。过去是以产业园支撑的有利于资本的发展模式,分配机制上资本获利远大于劳动力,使得劳动力只能从低收入到中低收入,要迈向中产化,必须实现创新与提升,中产化发展策略是一种很好的路径。

江苏省房地产法学会会长、南京大学法学院金俭教授基于法律角度提出关于中产化的三点认识:① 应研究并充分肯定中产化的正面效应,可以正面提出中产化。② 中产化用一种什么样的模式推进? 西方自组织、渐进式,这种模式是否适用中国? 中国的产权制度与西方的不同,中国自组织可能会削弱中产化的正面效应。如中产化的小区在自组织演替中出现的衰退现象。③ 针对"富进穷出"的负面效应,应事先在法律层面上进行干预,如通过住房保障避免社会隔离的现象。

图8　南京大学法学院金俭教授

南京大学建筑与城市规划学院副院长、城市规划系主任翟国方教授认为,中国中产化的实践有一定的特殊性,西方的理论并不能完全照搬。从概念界定来讲,建议从规划

图9 南京大学建筑与城市规划学院翟国方教授

的空间角度展开,是一种空间的中高档化。中产化跟旧城改造、乡村复兴不完全对应,可以从不同学科对这个社会空间现象进行研究,通过各学科的整合把握中产化的规律与趋势。未来多主体的参与可以推动中国特色的中产化的研究与发展。

南京大学建筑与城市规划学院王红扬教授认为,中产化从概念到演绎需要严谨。而空间改变带来了正负两方面效应是必然现象。对于中产化的概念,需要认识到它是空间重构的某种机制,而不仅仅是一种现象,是多主体融入和激活,多样化的空间和多样化的需求,空间品质的升级,是一种持续现象,具有多样化的社会效应。研究的核心是中产化空间生产或者全包容的空间生产,通过在中产化社会中的中产化空间生产实现整体社会效应最优的局部干预。而空间生产是一种资本化的空间生产,中国中产化的空间生产路径是否可以逐渐走向全包容的多主体参与的空间生产,而成为具有正面意义的一种手段与政策措施?

图10 南京大学建筑与城市规划学院王红扬教授

与会的其他青年学者们也进行了精彩的发言与讨论。南京大学建筑与城市规划学院黄春晓副教授认为,中产化本身就是多样性的,可以从更加多样化的视角去理解。一方面可以从生活方式去研究中产化,研究的重点是中产的生活方式是怎样的;另一方面可以从社会进程去研究,研究的重点是如何界定中产化这一社会进程。未来中产化在规划学科的研究应放在都市工程、都市再造以及动态的语境中,着重于特定的人群、特有的生活方式以及社会必然的进程方向。南京大学建筑与城市规划学院助理研究员钱慧博士认为,目前中国处于生产社会向消费导向社会的转型期,而乡村处于一种后乡村时代。发达地区的乡村中产化现象已十分明显,中产化的空间生产如何才能更好地引导消费型与乡村复兴成为研究的重点所在? 史北祥副研究员在研究南京新街口中心区时发现了"低出高进"的演替现象,提出是否存在新的功能的酝酿,以及新一轮的升级的可能? 他认为这是一种高档化,与中产化并不完全相同,因此,大城市中心区演替的人群很可能超过中产人群的界定标准,这是一种中国特色。冯建喜副研究员认为,中产化是城市化的一个阶段,是与经济社会相关联的一种转型与替换。在中国语境下,针对国内特有现象,可以研究乡村的中产化以及工业园区收缩背景下的中产化。周扬博士认为,中产化概念泛化后,研究核心应是中产化的空间生产。从规划的角度给出干预,在如今中产化产品短缺的背景下,我们不同于西方,在自上而下的路径中尽可能形成多学科主体参与是重点。

　　中科院南京地理与湖泊研究所宋伟轩副研究员认为，中产化的内涵框定比较复杂，制约了中产化研究的推进，因为涉及学科多、领域宽泛，西方一直对绅士化现象机制争论较大。而当下的研究遇到瓶颈，多为关注零散的现象，很少有人站在统领、宏观、思辨的视角进行，朱老师的文章是一个重要的突破。南京邮电大学刘宏燕博士提出，目前用收入界定的中产阶级群体数量比重不高，但以后随着橄榄型社会结构的出现，中产阶层将会对社会发展产生很大的影响，因为他们掌握一定的话语权并追求社会关注，未来中产阶层会选择自己的生活方式并对城市空间产生影响。她提出，是否可以跳出传统的视角去研究，全面地研究中产化？

　　最后，朱喜钢教授做了精彩的总结，沙龙圆满结束。

图书在版编目(CIP)数据

城市区域与规划评论. 2016. 1 / 翟国方,张京祥,
王红扬主编. —— 南京：南京大学出版社,2018.5
　ISBN 978 - 7 - 305 - 20100 - 4

　Ⅰ. ①城… Ⅱ. ①翟… ②张… ③王… Ⅲ. ①城市规
划—建筑设计 Ⅳ. ①TU984

中国版本图书馆 CIP 数据核字(2018)第 080422 号

出版发行　南京大学出版社
社　　址　南京市汉口路 22 号　　　　邮　编　210093
出 版 人　金鑫荣

书　　名　**城市与区域规划评论 2016/1**
主　　编　翟国方　张京祥　王红扬
责任编辑　陈　露　黄继东　　　　编辑热线　025 - 83592193
照　　排　南京南琳图文制作有限公司
印　　刷　盐城市华光印刷厂
开　　本　787×1092　1/16　印张 6　字数 130 千
版　　次　2018 年 5 月第 1 版　2018 年 5 月第 1 次印刷
ISBN 978 - 7 - 305 - 20100 - 4
定　　价　50.00 元

网址：http://www.njupco.com
官方微博：http://weibo.com/njupco
官方微信号：njupress
销售咨询热线：(025) 83594756